# 我不想
# 被这个世界改变

Be Never Changed by the World

行者小强◎著

SUNCHIME 三辰影库音像出版社

责任编辑：朱　江

图书在版编目（C I P）数据

我不想被这个世界改变 / 行者小强著 . -- 北京 : 三辰影库电子音像出版社 , 2017.5
ISBN 978-7-83000-234-3

Ⅰ . ①我… Ⅱ . ①行… Ⅲ . ①功心理－通俗读物
Ⅳ . ① B848.4-49

中国版本图书馆 CIP 数据核字 (2017) 第 085516 号

| | |
|---|---|
| 书　　名 | 我不想被这个世界改变 |
| 作　　者 | 行者小强 |
| 出 版 人 | 王六一 |
| 出版发行 | 三辰影库音像出版社 |
| 社　　址 | 北京市朝阳区北苑路媒体村天畅园 2 号楼 |
| 网　　址 | http://www.sunchime.cn |
| 印　　制 | 北京市玖仁伟业印刷有限公司 |
| 开　　本 | 880 毫米 ×1230 毫米　1/32 |
| 印　　张 | 8.25 |
| 字　　数 | 174 千字 |
| 版　　次 | 2017 年 7 月第 1 版 |
| 印　　次 | 2017 年 7 月第 1 次印刷 |
| 书　　号 | ISBN 978-7-83000-234-3 |
| 定　　价 | 39.80 元 |

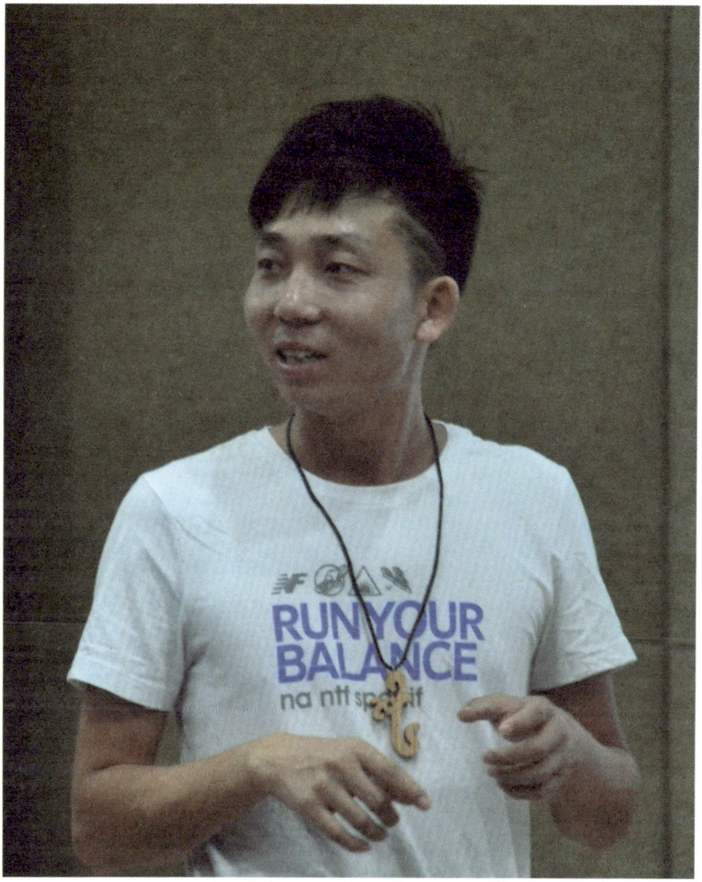
RUN YOUR
BALANCE

世界高原之城——理塘

在云端

老外中的老外

苹果乐园六人组：（左至右）马来西亚小情侣、行者小强、阿根廷女孩、死党Martin、智利男孩

间隔年后，马来西亚情侣在准备婚礼、小强开始创业、阿根廷女孩筹备咖啡厅ing、Martin在学校组建他的乐队、智利男孩在中国学习汉语。

Woodland Hills Church

我的小白

从美国的二手市场遇见小白，带着它穿越到圣城布达拉，海南的天涯海角，香港的维多利亚海港，纯美的新西兰，到台北的捷运站……直到把它葬于终南山。

# 目　录

*CONTENTS*

自　序 /001

好友作序 /008

001　**第一章　根在河南**

002　走出国门的三个河南娃

007　自行车的远方

014　“越狱计划”

025　**第二章　我的大学**

026　华豫之家

036　曦苑文学社

043　一次失败的穿越

054　地心历险记

067　一名专科生的逆袭

073　**第三章　小强环球**

074　穷游中国 16 省

082　毕业旅行在美国

097　颠沛流离的英语扫盲之路

111　迟来的毕业礼——骑行西藏

120　新西兰，信仰在路上

127 **第四章　众筹创业**

128 每一位行者都有一个青旅梦

132 “凤尾竹”，众筹创业初尝试

147 青空，未来青旅的 2.0

158 青旅别了，青空再见

163 小强环球全国巡讲系列

178 访谈录：创业在路上

187 **第五章　修行在终南**

188 我在中山寺修行的这段日子

200 有一种情怀，叫家国天下

204 行者小强对话明净法师

211 我不会做隐士，更不会被这个世界所改变

214 请记住，你不是世间唯一受苦的那个人

225 **◎特别加映◎**

226 行者小强的成长醒悟

230 致我们不再颓废的大学

233 **◎附录◎**

234 赴美带薪实习签证申请攻略

# 自 序

## （一）迷茫的我们，何去何从

很多人也许认可“谁的青春不迷茫”，但我却不相信这些。迷茫不是青春该有的模样，这个世界总有一群人，很清晰自己的目标，也有很强的执行力，在慢慢地将自己的规划变为现实，只是你从未接触过他们而已。

人为什么会迷茫？可能有其国别、社会、家庭、个人等综合因素，将会在第3本书里详述。

如何走出迷茫？目前我只探索出两种途径。

其一，我们需逃离这个躁动的国度，去到异国他乡，一个没有人认识你的地方，重新开始。在这段时间，我们会重新认知自己，认识这个世界，慢慢地享受着属于自己的生命，思考着活着的意义，找到了自己的人生方向。这段特殊的时光，我们给它定义为“间隔年”。我的《间隔年在新西兰》中曾提到：迷茫的我们，是该拥有一次属于自己的间隔年，去寻找人生方向了。

其二，在这个躁动的社会，我们要做好身边的每一件事，每认真做好一件事，就会在墙壁上留下一个点，有一天回首一望：墙壁上留下了很多个点，串成了一条线。随着时间的沉淀，这条线慢慢变粗，且无限延伸，便形成了一条宽广的人生道路。问题是“你能做好身边的每一件小事吗？”一是你内心恐惧，也没有勇气去尝试，二是你尝试了，但坚守不下来，最终墙壁上也没有留下来一个点。

## （二）回到原点，人只能做自己

初四被神经衰弱折磨得痛不欲生时，我想放弃考重点高中的打算，退而求其次，但父母寄予我太多希望，我不敢开口；当被县二高开除时，我不敢回家，因为农村的唾沫星子会把我淹死；洛阳高四那年我被周围同学嘲弄，没有朋友，甚至没有一个可以聊天的人，内心极其孤独，想外出打工，但面对父母支付的万元择校费，我只能沉默。在 1 ～ 20 岁的河南成长岁月里，我唯一的人生信条：好好学习，天天向上。没有什么自由可谈，更谈不上做自己，因为一切都是那么得不切实际，只能努力考重点高中和重点大学，压抑着自己的个性。

上大学时，父母不在身边，我相对自由了，用多余的钱去户外徒步或者出省穷游；在学校成立了华豫之家，担任了曦苑文学社社长，从一个普通学生到全校最具影响力的十大学生人物之一，压抑的个性终得到释放。但面对着学业和就业的双重压力，不得不考各种职业资格证，不得不专升本到桂林理工大学。大学时的我只能做半个自己，但赴美带薪实习给了我一个机会，让我做了一次完整的自己。在希尔顿酒店的工作让我攒了一点钱，实现了财富自由，下班后去冲浪跳水、看中国功夫秀、开派对做中国菜等，一下子感觉自己像逃出鸟笼的小鸟，翱翔于天空，拥有了一个完整的自己。

在新西兰打工旅行时，我吃到了世界上最可口的苹果，买了人生中的第 1 辆跑车”红苹果号”，有了创业的初尝试”开民宿”，进了国际游戏公司 EB Game ，写了人生中的第 1 本书《间隔年在新西兰》…… 这 15 个月的经历，让我更加坚定：做自己真好。

在回国创业的两年里，我看到了太多的利益纠葛，人性的复杂。当我经历了员工、店长、股东等不同角色转变时，更加理解了每个人的不易，也让我真正地学会了包容他人。退去 3 家店的联合创始人身份，让我醒悟到：做自己真难。

在终南山修行时，回顾自己的小半生：1 岁到 20 岁，我不能做自己；大学期间可以做半个自己；美国和新西兰的游学让我做了一个完整的自己；两年创业生涯让我体会了生活的不易，做自己真难。

但是我依然想说一句：既然生命的尽头皆为尘土，何不轰轰烈烈地做一次自己，让有限的生命多一些色彩。

## （三）只有傻子，才能改变这个世界

在这个世界的人我将其划分为四类：

第 1 类是愚蠢的人，总是认为这个社会有问题，周围的同学和同事有问题，从不反省自己。

第 2 类是聪明的人，每掉进一个坑后就会反省自己，下次再走这条路时，绕坑而行。

第 3 类是有智慧的人，当遇到分叉路口时，总是依靠自己强大的思想体系，做出独立的判断，能预测前方的道路状况、有多少个坑，然后绕道而行。

第 4 类是能坚守的傻子，傻子一直活在自己的世界里，整个世界与他人无关。直到有一天，他把自己的世界变成了诗和远方，周围的人都凑过来看，也想进入诗和远方的世界，慢慢地他影响着周围的人，最终改变了这个世界。

这个世界有很多愚蠢的人，也许现在还在洋洋得意；这个世界也从不缺聪明的人，但聪明且脚踏实地做事的人少之又少；这个世界也不会因一群有智慧的人而有所改变，这种智囊团虽少，然而绝不稀奇；这个世界最缺的就是像阿甘一样的傻子，一直活在自己的世界里，在躁动的世界里依然坚信诗和远方的存在，并一直在探索这个世界，直到有一天把它变成现实。

## （四）你会被这个世界改变吗?

时间是一个婊子，若干年前我们是如此的单纯和可爱，但随着岁月的流逝，我们慢慢变成了自己曾经讨厌的模样。别说改变这个世界了，我们连自己都改变不了。但无论如何，我们都不想被这个世界改变。大家来看看我与这个世界的爱恨情仇吧，或许对你有所启发。

《我不想被这个世界改变》分为 5 个部分：根在河南、我的大学、小强环球、众筹创业、终南在修行。

第 1 部分写的是“我与这个世界的抗争”。初四因考试压力过大，神经衰弱，被迫休学；高中因不满食堂饭菜质量，领导全校人罢饭，而被校长开除。

第 2 部分写的是“我在探索这个世界”。在穿越亚热带原始森林花坪时，因河水暴涨而被困峡谷，获救后再次穿越；在原始岩洞探险时，因找不到出口而关闭探险灯，意外的光线却让我们看到了希望。

第 3 部分写的是“我活在诗和远方的世界里”。在美国我尝试了打高尔夫，练习枪射击，听乡村音乐秀，冲浪和跳水，过着乐不思蜀的日子；在新西兰我一路搭车南下，中转 8 个城市，做了 16 份工作，为爱回国，偶遇 EB Game，和房东开民宿，被新西兰帅哥表白求爱，3 次放弃绿卡，选择回国创业。

第 4 部分写的是 “我在创造一个世界”。在海拔 3400 多米的香格里拉百鸡寺，安了一个家——“在云端”青旅，我时常在 2 楼观景台陪着小猫发呆，在阳光棚大厅下安然午睡；在丝路长安青年空间探索着更多生活的可能性，里面有创咖、刺青工作室、青年公寓、青年旅舍等，成为西安本土青年人和外地游客交流的平台。

第 5 部分写的是“我在逃离这个世界”。在中山寺过着没水没电的日子，早晨醒来时会有一种无欲无求的 feeling；两天的编制竹篮让我对生活有了慢热的态度；爬山时感悟到探索永无止境，即使到了万山之巅，也会有更高的山等着你。

它是一本青春励志书籍，从哑巴英语到赴美带薪实习、新西兰打工旅行；从迷茫彷徨到找到人生方向，创建小强环球工作室；从一无所有到众筹 2 家青旅、1 家青空；从被留校察看的学渣到写书给学霸看的作家；从桀骜不驯的行者到没水没电的终南山修行，体悟到别人的不易，更加理解和包容他人。从学生、旅行者、创业者、修行者，再到新书作者，尝试了人生中的不同角色，也在探索生命的更多可能性。从书中能感受到成长的刺痛，也许在 30 岁之前没有比感受成长的脉搏更为重要的事情了。

在写第 1 本书《间隔年在新西兰》时，只是为了完成出书的一个梦想，没想到现在又写了第 2 本书《我不想被这个世界改变》，在明年也会完成我的第3本书《迷茫的我们，何去何从》，这3本书共同构成了一个迷茫青春系列，第1本书侧重于走出迷茫的途径“间隔年”，第2本侧重于我以何种角色存活在这个世界，第3本侧重于对迷茫这个社会问题的深度探究。

最后感谢小强环球工作室所有成员（随心、夏落客、狼鹰牛、杉木）对我的信任和支持、感谢小康、喻文倩、包子、Teresa、小菜等朋友对新书的指导。

行者小强

2017年3月1日

# 好友作序

## 孤独的行路者

他怀里藏有四尺雪，历烈火燃烧，

结晶成向晚的青鸟，翻身入云……

我与小强相识是在 2009 年。那时的我们才刚刚步入大学，心中对大学生活及未来都充满着无限的期盼。转眼八年的时间过去了，如今再回想起曾经共同走过的那段时光，心中亦不乏感动。如果有人问我，在众多的朋友当中谁对我的影响最大，那么毫无疑问，我首先想到的便是小强。

如今的小强拥有多重身份：环球旅行达人、英文导游、小强环球工作室创始人、青旅青空联合创始人、《间隔年在新西兰》新书作者……不仅如此，他还在一年多的时间内在全国几十所高校举办了上百场的旅行与创业分享会。小强也逐渐在全国范围内拥有了一批忠实的粉丝。这一路走来，实属不易。很多人看到了他在人群中的侃侃而谈，光鲜靓丽，却鲜有人能体会到他在背后所付出的超出常人的坚韧与努力。作为好友，我更是见证了他跨出每一步时，那非同一般的胆识与魄力。

他，是一座城池。

往事如烟，岁月流沙。大学时代的小强其貌不扬，甚至有些磕碜，当然现在也是如此。他说着一口有着浓重乡土口音的普通话，让你断想这人肯定是从哪个山疙瘩里走出来的，没见过世面。小强从来不会因为自己的外在形象大不如人而感到自卑，举手投足间，目光交错时，都透露着一种踌躇满志的强大气息。也许正是因为他这种颇有张力的性格，使得他在接下来的大学生活中如鱼得水。

有人说男人的长相与才华是成反比的，这句话在小强身上得到了充分的印证。他是挽狂澜于既倒的文学社社长，让风雨飘摇的文学社脱胎换骨，重焕生机；他是独树一帜的华豫之家创始人，公益救助，扶危济贫，使其成为众多社团组织中的一股清流；他还是风雨无阻户外俱乐部的砥柱中流，在课余时间组织大大小小户外活动几十次，率领学生行走在山川水墨之间，浪迹于草林田垄之野。

三年如一日地忙碌，小强逐渐从一个愣头青成长为学校的风云人物，也深得学校领导和老师的赏识。很少有人了解小强在背后所付出的努力，他不断地强迫着自己，在无数个夜晚的徘徊与挣扎中思考着摆在他面前的一道又一道难题。他的蜕变，是水到渠成的。毕业前夕，小强举办了学校有史以来的首次个人专场毕业典礼，回顾了整个大学历程。在我看来，他就像一座坚不可摧的城池，无数个困境才使得他百炼成钢。他俯身躬行，用无悔的誓言告诉你，青春，还可以活成这般模样！

他，是一座孤岛。

很多人将青春埋葬在离开校园的那一刻，而小强的精彩故事，在他迈出大学校门之后才真正地开始。他天生就不是一个循规蹈矩的人，做事情也往往不按常理出牌。你很难想象一个连一句英文都不会讲的人，竟然有勇气去美国实习，也不敢想象一个从来没有骑行经验的人 21 天单骑走完川藏线。当我们每天过着平淡无奇的生活时，小强总能够独辟蹊径，开辟出自己的一番别样天地。他不屑与谁同行，因为没有人能跟上他的步伐，也没有多少人能承受他所受的苦。他常常说自己是“一只打不死的小强”，历尽千般磨难，依旧能笑看风月。

后来，小强又独自一人去了新西兰，开启了他梦幻般的打工旅行。正如他的著作《间隔年在新西兰》自序中所说的，旅行只是为了遇见更好的自己，找到人生的方向，但它并不是生命的全部。在新西兰这个自由的国度里，小强找到了他自己的诗与远方。异国他乡的生活自是相当不易，繁重的体力劳动、艰苦的生活环境、工头的拖欠工资……种种困境并没有令他退后半步，他反而无比享受这种颠沛流离的生活状态，将自己的足迹遍布在大半个新西兰岛。

小强说自己是一名“行者”，他的使命就是一直在路上，看遍世间的风景，触摸更广阔的天地。在我看来，他又不同于一般意义上的背包客。他说，“旅行是人生中最好的一种投资”，带着投资的理念上路，你会在旅行中收获更多；他还说，“精神比梦想更为重要”，人的梦想遥远而善变，但如果你有属于自己的精神乐园，你便会在梦想的路上越走越远。

世间有无数的背包客，也有无数热爱旅行的人，但小强只有一个。他身上兼具“骑士精神”和“人文情怀”，志在用自己的旅行经历影响中国更多的年轻人，通过“小强环球工作室”和“环球旅行基金”帮助更多的人走出国门。于是他暂停了自己的旅行计划，回国后便迅速全身心地投入到了创业项目当中。短短一年的时间，便众筹了两家青旅和一家青空，小强环球工作室也步入了全新的阶段，在全国各大高校举办的分享会更是令他圈粉无数。

有朋友说，小强的内心永远是孤独的。我说，其实他也是幸福的。一个人真正的幸福并不是呆在光明之中，而是从远处凝望光明，朝它奔去，就在那拼命忘我的时间里，才有了人生真正的充实。

他，是历经烈火燃烧的青鸟。

2016 年 5 月，在历经一年创业的艰辛后，小强辞去了所有青旅和青空的联合创始人职务，来到终南山，潜心修行，著书立说。

远离了世俗的纷纷扰扰，终日陪伴他的是纸墨书香和鸟语花香。此刻他的内心定是轻盈的，像历经烈火燃烧的青鸟，振动翅膀，翻身入云……

小小飞鸟所求的，其实也不过是一些最本真的愿望。他想知道山峦与河流真正的来处，想知道云雾之后是不是真有阳光，想知道那千林万径是不是和自己所想象的果然相同。

末了，我想起了民谣歌手赵雷《我们的时光》中开头的那几句歌词：

头顶的太阳，
燃烧着青春的余热，
他从来不会放弃，
照耀着我们行进，
……

洪孝楠

2017 年 4 月 1 日

# 第一章 根在河南

无论你走在哪里，都不要忘了根在河南，根在中国！——老爸

# 走出国门的三个河南娃

长营村，若不是在这里出生和长大，谁能记住这样一个普通的不能再普通的小山村。翻开中国地图，给你一个放大镜，你也找不到它的名字。若有人指给你看，你能看到的，也只是一片丘陵和平原。

我、长乐和亮亮是发小三兄弟，来自同一个小山村的三个不同的家庭，我们仨每人都有一个“封号”：我是“官二代”、长乐是“学霸”、亮亮是“富二代”。如今三人常年混迹在欧、美、澳各大洲。而我呢，是最能折腾的一个，也是最不安分的一个，同时也是他们公认的“老大”。

在我的撺掇下，彼时还在世界不同的角落里自嗨的三个人，于微信上重聚首。掐指一算，我们仨已经有7个年头没见了。

“我打算写本书，关于我的成长历程。”我首先发言。

“千万不要写我，你懂的，我比较低调，是一个闷声发大财的人。”说这话的是长乐。对，就是曾经的“学霸”，如今在瑞典攻读博士学位，一年前跟我说他计划移民，并打算尽快融入斯德哥尔摩人的圈子。

亮亮接过话茬：“小强啊，你这本书我父母会看到吗？可别给我贴上富二代的标签哦。”亮亮，我们也喜欢叫他亮仔（“靓仔”），现在留学德国。

调侃归调侃，先来说说我们这位“闷声发大财”的学霸长乐。他可是我心中永远的偶像，小时候村里典型的“别人家的小孩”。

长乐的家庭在他读大学时出现变故，父亲因病过世，本就不宽裕的家庭更是雪上加霜，母亲又刚刚生下一个小弟弟，而长乐自己还正在上大学，一下子所有的压力都压到了长乐的身上。仿佛一夜之间，长乐就从一个孩子变成了大人。他从学校请假回来亲自为父亲操办丧葬，之后为了不影响学业同时缓解母亲的压力，又半工半读念完了大学。家庭的变故让他有着与同龄人不相符的成熟，性格本就沉稳睿智的他，又添了几分隐忍和自强。

从沈阳理工大学毕业后，又在天津大学读研，最后在瑞典公派留学读博。最近的他貌似又准备放弃移民之路，这让我有点小意外，后来在微信上他跟我谈到：文化的差异需要他花费更多的精力，才能与斯德哥尔摩人融合。在世界每个角落只有富人才是无国界的，虽然绿卡会让他的生活轻松，但同时也会丧失他的斗志，想赢得尊重还得靠自己的努力打拼。而后我调侃到：要不加入小强环球工作室一起创业呗。长乐回复到：或许这个真有可能，未来的世界谁也说不准。

再来说说亮仔，他以前可是我们村同龄人中最有人缘的一个，能说会道，为人处世特别圆滑，如果说长乐是个工科学霸，那么亮仔就是个“小人精”。他做事时总是先察言观色，然后做出判断或选择。亮亮的父母是我们村少有的生意人，老妈开了村里最大的代销店（类似农村超市），老爸是天瑞水泥的代理商，生意做到全国各地，貌似现在是村里的首富。说一件印象比较深刻的小事：护肤霜从瓶子里溢了出来，他老爸立即抹在女儿脸上，边抹边说千万不要浪费了，俨然是一个勤俭持家、农民特性的资本家。

他自己呢，学的IT，大学读了四年，打了四年的游戏。后来自己又突然醒悟过来，决定重读本科，于是家里送他去德国，如今在柏林一个私立大学读研，专攻Windows研发。

记得我在新西兰打工旅行时，和亮仔通了一次电话，当时他特别不理解我这种颠沛流离的旅行：16份工作、中转8个城市、5个工头拖欠工资、两次车祸、一路搭车南下。当我后来谈到：我想从老家一路搭车去柏林找他，然后再骑行到瑞典的斯德哥尔摩。他回答说：Bruce, you are so crazy，but I will wait for you。在他看来，旅行应该是一种享受：比如他和朋友一起去阿尔卑斯山滑雪，去西班牙看足球。最后我调侃到：一个富二代安知屌丝之心呢。

最后呢，说说我自己，传说中的小强，一只打不死的“蟑螂”。从职位上来说，我曾是美国希尔顿酒店的服务员、新西兰的农场工、国际 EB Game 公司的职员；从创业角度来说，我是个励志小网红、青旅青空联合创始人；而从情怀角度来说，我就是一枚伪文青、终南山的假隐士、喜欢旅行的业余作家。言而总之，我就是集才华同帅气于一身，却总是天马行空、神龙见首不见尾的碉堡，偶尔处于一种自以为是、口无遮拦、疯疯癫癫的状态。

在二十多年前我家曾是俺村的首富，可惜家道中落，现在也只是一个普通的农村家庭。老爸是弟兄中最小的一个（排行老七），17 岁时就开始挖煤，从矿工到合伙开矿，失败后就回家竞选村长、村书记，然后就当上了我们镇东片的人大代表主席，也算是半个公务员吧。所以，我的封号就成了“官二代”，虽然只是个小小的村官。总之，老爸在我心中是个超级大英雄。

说完了我们仨的故事，你也说说你的吧。不管你来自哪里，不管你现在在上学还是打工，或是创业……你可以想想看，原来跟你一起同过窗的同学，或者一起搭过伙的同事，或者你的发小兄弟，如今在哪里，做着什么？也许你混得比他们好，也许你不如他们，但你也许走得更远，你的机会更多，因为你选择的舞台更大。

生命的宽度在于选择，而生命的张力在于你的努力程度。也许有些东西你无法选择，也无法改变，比如你的父母和家庭背景，但那些能够改变的，就在于你的选择了。心有多大，舞台就有多大。梦有多远，你就能走多远。但前提是，你要先迈出那一步，哪怕只是对这个世界 say hello，证明自己来过。

我们三个河南娃，依靠各自的选择和努力走出了国门，走向了世界。出国不再是一种奢侈品，而是未来的一种趋势。原生态家庭对人的影响是一生的，甚至起着决定性的作用，而后天的出国经历，又造就了三种不同的价值观。

至于长营村何去何从，我们仨娃未来又如何，大家拭目以待吧！

# 自行车的远方

一天的摘果工作结束了，夕阳下，我骑着自行车，慢悠悠地行驶在笔直的马路上，一边享受着沿途美妙的风景，一边体验着在异国他乡骑行的乐趣。新西兰应该算是我离家最远的骑行记录了。车子是从房东家租的，变速山地车，骑着很舒服，也很方便。它让我想起了我人生中的第一辆自行车。

那是个资源匮乏的年代，至少对我来说。刚上初中的我，每天中午需要骑行三公里的土路回家吃饭，回校时顺便带上母亲准备好的晚餐。代步工具是一辆二手自行车。没错，它就是我人生的第一辆自行车，但我一点也不喜欢它，因为它很破旧，老给我制造“麻烦”。爆胎、掉链子什么的都是家常便饭，最严重的一次，车子前轮竟然直接“飞”了！同学们看见我的窘迫而发出的笑声让我暗暗下定决心：车子一定要换！我开始在心里默默盘算如何才能得到一辆新的自行车。

记得好莱坞电影《阿甘正传》里有这样一句经典的台词：life is like a box of chocolates, you never know what you are going to get（生活就像一盒巧克力，你永远不知道下一颗是什么口味）。当我只是为了免遭同学的嘲笑而向父亲央求一辆新的自行车时，我永远也不知道，那辆车子将要带给我的是什么。以至于 12 年后，已经是环球旅行达人的我再次回首，才发现，那辆叫作“蓝精灵”的阿基米自行车，竟开启了我人生中的第一次“旅程”。如果说切格瓦拉的《摩托日记》描写了他的人生成长经历和心路历程的改变，那我更愿意给我的这段旅程取名叫“小强的单车日记”，虽然当时我才不到 17 岁。

记得那天放学回到家，我和正在干活的老爸聊天，不知哪来的勇气，像个男子汉一样和他说：“如果我中考能考上咱们县一高或者二高（这两所学校是我们县最高学府），能不能送我一辆 500 块钱以上的自行车作为奖励？”老爸没说话，算是默许了！于是，自行车成了我努力学习的动力。

经历了休学和神经衰弱后，我还是以 483 分考上了县二高。我兴致冲冲地向爸爸讨要奖励，开始他说不着急买，可是我的心情哪能等得到呢，软磨硬泡之后，终于把钱要到手了！

拿到钱的我反而不知道如何是好，去哪买？买什么样子的？怎么去卖自行车的地方？爸爸在矿厂上班没空陪我去买，我自己买的话会不会被骗？好多问题充斥在我的小脑袋里。那时的我没去过几次县城，都不知道在哪里坐班车。

后来，机智的我找到了村里经常开三轮车去县城的杨师傅帮忙，并许诺付他去县城的路费，杨师傅爽快地答应了，我们约定第二天在村头的长营水库集合。

第二天，我们用了1小时20分钟的时间来到县城，在阿基米自行车专卖店，经过多方比较、试骑后，最终选择了一辆看上去十分酷炫的车子，蓝色的车身、结实的后座、完美的外形。经过我和杨师傅的轮番砍价，最终将原价650元的车子以498元拿下，交完钱的一瞬间，我简直就是世界上最幸福的人。

和杨师傅告别后，我迫不及待地骑上我的爱车，甚至顾不得大中午的烈日炎炎，一路飞奔回家，耳边的风声都像在为我歌唱，一路上煤尘仆仆（汝州市是煤城），脸上、鼻子里都沾满了飞扬起来的煤灰，但兴奋的我哪里顾得上这些，不管是上坡还是下坡，我都一气呵成，彼时的我就像在漫步云端。直到回到家，整个行程竟然才用时1小时50分钟！这个速度居然和马达三轮车差不多，“并驾齐驱”的成就感沸腾了我的热血。直到现在，我的脑海里还是会经常浮现那幅顶着一脸煤灰跟小黑猴似的，还一边不停傻笑的画面。

新晋的座驾让我爱不释手，每天醒来的第一件事，就是骑上它到处溜达。于是我萌生出了把周边村镇都骑个遍的想法——提前和同学约好，然后骑车去他们家串门。我的“单车日记”就这样开始了。

结果不到两个月，我就骑遍了季寨村、杨寨村、玉王村、路寨村等 28 个乡村。我发现各个乡镇村落的地貌也不尽相同，有平原、有丘陵、有山里的、有山外的。整个暑假我都和我的自行车在一起，骑着它去到以前我都不曾想过会去的地方。有了它，仿佛那些地方都不再遥远。不过有时候目的地太远了，我就会变成一个“心机 boy”，用我能说会道的嘴巴先博得同学家长的好感，然后热情好客的叔叔阿姨一般都会留我住一晚，还准备丰盛的晚饭。就这样，我都记不清我到底睡过多少次陌生的床板。总之，小屯镇在那个短短的暑假就被我征服了。

后来我把这段单车旅行叫作“小强环乡记”。现在回想起来，倒是有点“沙发客”的意思，只是那时候根本不知道有什么沙发客的概念。不过，我这个应该叫作“床板客”才更贴切吧。

后来上了高中，我的“单车日记”就变成了“搭车日记”。

我的高中在汝州市，北靠巍巍嵩山，南依茫茫伏牛，西临古都洛阳，东望黄淮平原，在这块宝地上云集了来自四面八方的人，我们学校也不例外。最开心的时候就是每天在食堂吃“大锅饭”时，可以看见好多来自不同村镇的同学，这便是我小强“交际”的时间。打饭的时候、吃饭的时候、收拾碗筷的时候总是可以认识新朋友。一回生，二回熟，第一次先搭讪聊天，第二次再约着一起打篮球，这样一来二去就认识的差不多了，然后就可以尝试约着去他们的家乡玩了。我想我的“万能搭讪法”也是那个时候练就的吧！那个时候我的记性也特别好，能记住他们的名字、哪个班的、家是哪个村哪个镇的，无论是蟒川乡、寄料镇还是临汝镇，对我来说都不在话下。

二高是传说中的监狱式管理，每周只有两个半小时的放风时间，每半个月休息一天，所以我们都格外珍惜这一天的休息时间，而我这颗永远不安分的心总是会在休息日折腾折腾。在放假前就开始跟同学表达想要去他们家玩耍的想法，然后一放假就赶紧收拾东西准备和同学出发。在班车上我也是叽叽喳喳说个不停，对沿途的风光，哪怕是个冒烟的烟囱都会好奇地问个不停，时不时会吸引到其他乘客的注意，有时也会被嫌弃话多，但是一点都不会影响我，依旧像打了鸡血一样高亢。

就这样，我借着去同学家玩耍的机会先后去了好多好玩的地方，比如大峪乡的安沟度假村、蟒川乡的焦谷山、温泉镇、怪坡、风穴寺等。其中比较好玩的就数那个“怪坡”了，因为在那个坡上往下走会越来越累，但是往上走却越来越轻松，我到现在也还搞不懂为什么。

在整个“搭车日记”中，印象比较深刻的是去杨海超家玩。对于从小生活在平原的我来说，大山无疑是极具吸引力，同时又充满神秘感的存在。我一口气爬上山顶，又接连爬了第二座、第三座，兴奋的不知疲倦，连海超都满脸不解地看着我。我告诉他这是我第一次登山，从来都没有站在山顶俯瞰，那种把世界踩在脚下的感觉让我脑袋里面出现了好多好多名诗，“会当临绝顶，一览众山小”，“横看成岭侧成峰，远近高低各不同”，“造化钟神秀，阴阳割昏晓”，真是感叹读书的好处啊，不然我也无法表达我此时此刻的心情！那种征服的快感，初见美景的兴奋，以及一览无余的大开眼界，都让我每个毛孔在跳舞，每一寸皮肤在欢呼！这样接二连三的经历让我上瘾，我停不下自己的脚步，我想快点去认识我周遭的世界，去看更美的风景，去见更有意思的人。

后来的我每每想起当年的这些“旅程”，还是会有点惊讶于当时的自己到底是打了什么鸡血，一辆自行车竟然能连续折腾两个月不消停，而且还玩上了瘾，后来又遍访了各个“名山大川”，玩得不亦乐乎。不过，当多年后的我在结束了24天骑行西藏的“壮举”后，才明白当年自己的“疯狂”并不是无厘头的瞎折腾。

好友小康曾跟我说过这样一段话，“都说时势造英雄，其实是英雄成就了那个时代，如果你把同样的英雄放到另一个时代，那他同样会给那个时代缔造一段传奇。所以不要埋怨这个时代没有给你条件，只要你愿意，你完全可以自己创造条件。在资源匮乏的年代，同样可以活得精彩。”听完后竟让我不由自主地拍手叫好。我拍手不是因为他把我夸成了英雄，而是因为他阐明了一个道理：人需要一种精神的力量，因为它会推着你向前走，帮你实现一个又一个梦想，最终成就一段传奇，然后，也许你就会给这个时代赋予一个灵魂。

一辆自行车，就足以开启一段人生的“旅程”，不是车子本身的力量，而是隐藏在我们身体里的那颗躁动不安的心和那份“生命不息，折腾不止”的热情。也许它还不是一种精神，只是一种性格，但它在成长，在不远的将来，也许会孕育而生，变成一种“小强精神”。

但自行车的远方，会远到哪里？我的脚步最终会走多远？我也不知道，我只知道，它从未停歇过！

八年后的川藏行

# “越狱计划”

如果我出生在朝鲜，我想，我很有可能会成为一个“脱北者”。趋利避害，是动物的天性，人也一样。如果有一天，我们的世界变成了一座监狱，你会做何选择？隐忍还是反抗？聪明的人会选择伺机而动，并做好周密的计划，就像《肖申克的救赎》中那样。然而我不是聪明人，我选择了反抗，然后，我就 out 了。

监狱的特点是强制剥夺自由，高度强调纪律。而我的高中——汝州市第二高级中学，在对学生的管理方式上基本符合这两点，因此它又被我称为“河南省第一监狱”。

故事的起源发生在食堂。这个食堂是学校唯一的食堂，承包制，基本算是“垄断经济”，因为学校不允许学生出去吃饭。而承包人陈哥和“典狱长”（校长）又是叔侄关系。可那时候我哪知道这层关系。只能说，还是年少轻狂，不谙世事。可这本就是青春的模样啊！大冰也说：没有什么比在年轻的时候认认真真去犯错更酷的了！

那是一个再普通不过的中午，我照例去食堂打饭，看着排满长队的 2 元饭区，为了节约时间，我就去了 VIP 窗口打饭。

“一份土豆炖红烧肉就要 5 块？！”我心里暗暗地骂着。

我悻悻地端着盘子走到餐桌前坐下，拿着筷子来回拨拉土豆时，竟发现没有几块肉！说好的土豆炖红烧肉呢？这时候我不由自主地想起了一个笑话：

顾客向老板抱怨牛肉面里为什么没有牛肉，老板反问他鱼香肉丝里有鱼吗？老婆饼里有老婆吗？雷峰塔里有雷锋吗？

想到这里，我只能苦笑释然。

夹起的土豆刚要放进嘴里，竟发现一棵土豆芽长在绿色的土豆皮上，散发着腐烂的气息。幸好我初中生物基础比较扎实，知道长了芽的土豆含有龙葵素，吃了会引发食物中毒。于是我赶紧翻了下其他的土豆，结果发现每个都是这样的：不是带着新发的绿芽，就是带着绿色的斑点，而且各个都没削皮！嘿，我这暴脾气！话说“绿色食品”也不是这么个“绿”法，气得我当即把筷子摔在餐桌上，端起餐盘就冲向校长室。我倒想看看，作为堂堂一校之长，看到这盘饭菜作何感想，能咽得下去吗？！

敲开校长室的门，那肥头大耳的校长秘书接待了我，结果一路上在脑子里想了半天的“质问台词”就这么硬生生地被他那一脸横肉给逼了回去。

我简单说了来意，秘书就带着我快步返回食堂，找到承包商陈哥，于是我又把毒土豆的事说了一遍。没想到这秘书倒是懂得“一而战，再而衰，三而竭”的道理，这一来二去，我的气势就打了折扣。

听完我的投诉，陈哥倒是陪着笑脸连连道歉，说：“这是失误，反正也没吃出什么毛病来，把钱退给你就是了！”

我当时也是年轻血性，无所顾忌，讪讪地撇着嘴，摇头说：“这不行，钱我宁可不要，但只希望你当着学生们的面道歉，并承诺不再出现类似的情况！”

听到我这么说，他马上用一副“给你脸不要脸”的架势回复道：“没必要这么夸张吧！多大点事，你是哪个班的？叫啥？”

当时身高已经可以和陈哥平视的我愤愤地说道：“我叫黎强宾，文科 11 班的。你想怎样？！”

见僵局一直不解，秘书拉开我说：“这事先这样，我们会解决的，你回去等消息吧！”我欲言又止，只好先回教室。

回去的路上，越想越气，那股无名之火冲上头脑，让我无法冷静。我那时候是我们班的班长，一种无法抑制的责任感驱使着我必须做点什么。回到教室，作为班长的我不想让大家再吃到有毒的饭菜，便站在讲台上，手里举着那份证据——土豆，高声地向大家讲述了今天中午发生的一切。

班级一下子就炸开了锅，大家开始纷纷议论。有人站起来说：“给我们吃这么垃圾的饭，还限制我们的自由，这分明就是虐待！”还有人说：“班长，我们不能这样坐以待毙！集体罢饭抗议吧！”其他同学纷纷附和。大家义愤填膺的样子让我觉得我们有必要做些什么！于是，带领全校学生集体罢饭的想法开始在我的脑袋里酝酿。时不我待，说干就干！

一下课，我就开始联系其他兄弟班的班长，商量着第二天中午罢饭的事情，大家纷纷表示会参与进来，一起反抗学校这样不人道的行为！

直到晚上，在宿舍的卧谈会上，我们也一直讨论着这个宏伟的计划。以至于第二天醒来时，我竟然还有点小小的激动。

可惜帅不过三秒，一大早就被老班叫到了办公室，并把门关上。

“听说你今天要怂恿同学们罢饭？这事已经传到校长那去了哈！” 老班用一种似乎了然一切的口吻质问道。

“是。”我斩钉截铁地回答。

老班说话的分贝瞬间提升！

“饭再难吃也不至于找校长啊！你这样做，让我很难堪！有没有把我这个班主任放在眼里？！”

“那找谁？找餐厅有用吗？还不是只想把饭钱退给我，当啥事都没发生一样！”我也忍不住和老师争论起来。

“你是翅膀硬了哈，你看看你这次成绩下滑了多少名，你说，是学习重要还是饭菜重要？！”老班指着桌子上的试卷，一副恨铁不成钢的样子。

“学习……”一听到我成绩下滑了，瞬间没了底气。

这时老班走到我的面前，大声对我吼道：“那你还闹！你知道后果吗？！”

“老班，如果你花钱吃饭，却买到有毒的饭菜，我不知道你会怎么做！要是没有别的事，我先去学习了。”说完我转身开门离去，并给老班一个响亮的甩门声！

走在走廊里，听见有同学在议论中午罢饭的事：有人抱怨食堂饭的难吃还贵得要死，也有人骂食堂黑心没有道德，更有人中午不吃饭选择去超市买面包。我一路听着走到班里。

坐在座位上，脑袋里面嗡嗡直响，一个声音在说：“小强，你做得对！我们不能再任食堂这样妄为了！”另一个声音又在说：“哎呀，小强，你只用管学习就好了，食堂那么大，这样子又不是一天两天了，哪能是你想翻就翻的！”矛盾的我坐在课桌前不停地挠头！一想起来我那份有毒的土豆，我就觉得不能这样袖手旁观！

中午吃饭时间到了，一下课，学生并没有像开闸的洪水一样涌向食堂，只有稀稀落落的几个人走向食堂，食堂门口也并没有像往日一样拥挤，可谓门可罗雀。我看到很多同学选择去了超市买面包或饼干吃，而我也没有去食堂打饭。看着比平时冷清的食堂，我知道我的罢饭成功了，只是右眼皮不自觉地跳了两下。

第三天早上我再次被老班传唤，整个办公室的低气压让我喘不过气来。老班递给我一份通知，我打开看到：黎强宾同学因不遵守校纪校规，恶意领导学生闹事，不听老师劝导，成绩严重下滑，根据我校规定，给予开除处分，但保留学籍。

开除！看到这两个字的时候我的双腿软了一下，抬头一脸惊愕地望向老班，却不知道要说什么，不由自主地握紧了手中宣判我的通知。

老班没有看我的眼睛，缓缓地说：“这事只有你我知道，为了不影响你的学业，学校保留了你的学籍。至于通报，也不会贴在公告栏上。你下午就办理退学手续吧！”

我不敢相信这是真的，那一瞬间，我觉得天塌了下来，我的脑袋上一片乌云，眼前的一切模糊了，我不记得我是怎么从办公室出来的，也不记得那个上午是怎么过来的，老师在课堂上讲的什么我都不记得了。整个人一直处于一种魂不守舍的状态。

到了中午，班里同学高喊着我们继续罢饭！我拉住了他们，把我被学校开除的通知书拿了出来，告诉他们："别再罢饭了，还是好好学习吧！"刚才还激情高亢的同学也安静了下来，看着他们像霜打的茄子一样蔫儿了。有人问我是不是考不了大学了，也有人问我这事会不会放进档案，还有人问我回家会不会挨打……问题像沙包一样投向我，我也不知道怎么接招，只能一连串地说到：不知道，不知道，不知道……

下午两点，老爸出现在我面前，瞪了我一眼，拉我去了老班办公室。

老爸紧握着老班的手不住地道歉，说："杨老师，孩子不懂事，给您添麻烦了，要不跟校长再说说，再给咱娃一次机会？这不，也到饭点了，我们先出去吃个饭吧？"

我从来没有见过父亲这样低头求过人，那瞬间我觉得自己简直是个罪人，太不像话了，之前伸张正义的英雄感荡然无存，取而代之是深深的自责和懊悔。

班主任看着颤颤巍巍的老爸，满脸抱歉地说："我也没有办法，这事是校领导决定的，我也很想留小强，毕竟他是班长，学习又不错，但我是刚来的老师，也不能因为这事丢了饭碗。"

老爸再三求情最终也无能为力，我一直咬着嘴唇不说话。

后来我俩无奈地来到操场上，我爸点燃一根烟，深深地吸了一口，吐出的烟圈呛到了我。老爸说："你这孩子，尽给我闯祸，你都不知道校长和食堂承包商啥关系，他们是叔侄啊，利益相关啊！你们班主任也是没法子，哎！”然后陷入长长的沉默中。我抬头看向远处打篮球的学生……

等到宿舍开门，老爸带我收拾好行李，转到班级去拿我的书。我还记得当时是一节英语课。当我站着把一本本书塞进书包时，我能感觉到同学们的注视。当我把英汉词典还给同桌时，好想时间凝固在这一刻……生怕打扰到英语老师，我飞快地离开了教室。临出门时，还是忍不住回望了一眼，想说声再见，终究没有张口，只是和老爸快速地离开了学校。

出了校门，老爸先带我进了一家面馆。看着我魂不守舍的样子，老爸说：“赶紧吃饭吧，你已经饿了一下午了。我知道你现在心情不高兴，但饭也得吃啊，上学的事你甭担心了，我来想办法。”

回到家门口，看到老妈正在房顶晾晒粮食，她一见我就说：“诶，你怎么回来了？你不是还正在上课吗？现在还没放假吧？”

我低着头沉默，老爸回答说：“你孩子再也回不了县二高了。”

老妈：“咋了，咋了？咱不是考上县二高了，怎么回不去了？”

老爸：“你孩子因为领导全校人罢饭，违反校纪被开除了。”

老妈：“孩子才多大，啥都不懂事，怎么说开除就开除了？学校怎么这样？”

看我一直沉默不语，我妈又赶紧安慰我说：“小强，你也别多想了，咱家有钱，让你爸给你再找个更好的学校。赶紧回屋歇着吧，我还得晾粮食呢。”

我一个人躲在屋子里，咬着嘴唇，不敢发出声音，憋了一天的泪水这时候才开闸放了出来。

我本以为回家以后第一件事就是关起门来一顿暴打，但没想到得来的是老爸老妈的安慰，已冰凉的心涌动出了一丝温暖。

然而脑袋里面还是不断回放着我被开除的画面，想到我可能上不了大学，就更加绝望了。

"小强，我们去打篮球吧！"

"小强，赶紧起床，马上就开始早操了！"

"小强，元旦晚会上你唱歌时身体旋转那个动作简直太酷了！"

"小强，你被开除了，赶紧收拾东西走吧！"

"以后我再也不能和你们一起玩了。"

……

深夜里，我突然被开除的噩梦惊醒，那种无助感围绕着我，让我辗转难眠。我思忖良久，心里突然有个想法：有一天，我一定要当一名记者，可以路见不平，拔刀相助，专门曝光那些利益背后的肮脏，为受屈者伸张正义。若有一天我有能力，我想改变这个社会，我想改变这个世界。

隔天老爸让我去山里住几天，好好调整下心态，叮嘱我还是以学习为主，上学的事情不用操心。

半个月后，我背着书包站在县一高的门口，为此老爸付了1万5的择校费。此刻我暗自下定决心，好好学习，将来有一天报答父母。感觉自己仿佛有种一夜长大的感觉。

新的班主任已经站在校门口等我了。来到教室后，班主任先是跟大家介绍我：“这是我们的新同学，名字叫黎强宾，大家欢迎他！”

随后，他让我的新同桌帮我把铺盖卷和行李一起扛到宿舍，待一切安顿好之后，我知道，我的高中生活又可以开始了。

县一高的食堂饭菜不仅好吃，而且价格也更便宜。除此之外，管理也相对人性化。而此时，高二的生活刚刚开始。而对我来说，我的“越狱计划”也正式宣告落幕。

多年后，当我再次想起这段经历，总让我唏嘘不已。如果上天给我再来一次的机会，我依然会选择抗争，即使要付出惨痛的代价。现在的我会对自己说：还好当年的我没有忍气吞声，还好我没有被那个“世界”（县二高）改变，即使最后被那个“世界”（县二高）抛弃，但我却迎来了新的更好的“世界”（县一高）。

后来的后来，我又开始寻找，苦苦追寻那个我梦想中的世界，直到我去到了美国，去到了新西兰。回国后，我又开始创造属于自己的“世界”，属于旅行者自己的家——青年旅舍。

回顾往昔，很庆幸自己的个性得以保留，没有被这个世界磨平棱角。至今我仍坚信：我不会被这个世界所改变，即使有一天会被这个世界抛弃。而我，还是那个小强，那个打不死的“越狱者”小强。

而你呢？我希望现在的你，没有变成自己曾经讨厌的模样。

越狱者——小强

# 第二章 我的大学

时间是一个婊子，若干年前我们是如此的清纯和可爱，但随着岁月的流逝，我们慢慢变成了自己曾经讨厌的模样。

——行者小强

# 华豫之家

“相思江畔，万亩橘园”，当我看着录取通知书上的画面，我的心早已飞到了桂林，那个山水甲天下的地方。身未动，心已远。当我还在郑州—桂林的 K22 列车上时，我的脑海里就一直浮现着“舟行碧波上，人在画中游”的山水画面。我的大学——桂林旅专，就在列车轨道的尽头等着我。而我接下来的三年时光，将在这里度过。

下了火车，后背瞬间灼热起来。时值九月，南方特有的闷湿空气顿时把我这个北方的小男孩蒸成了小笼包。独自一人提着行李趔趔趄趄地挤出了站，阳光炙热刺眼，但还是一眼就看到了那块醒目的牌子——桂林旅游高等专科学校。径直走过去，早已站在那里等候的学长、学姐们赶紧过来帮我提行李，然后又问了我的系别和班级，在他们的指引下我上了校车。上了车我发现多半的同学都是由家长陪同着，而从小独立的我，还真是有点不太习惯这样的场景。

车子开出好一阵子，突然被车上兴奋的叫声唤醒，原来是车子刚刚驶入学校大门，一座红色的几何图案映入眼帘。车子绕过一尊精致的马踏飞燕雕塑，便驶入那几何图案内。当时不解其意，后来才知道，原来那几何图案是古字“门”，而门内有马，便组成了一个“闯”字，这也是学校对学生寄予的厚望，希望从桂林旅专走出去的学生，在任何地方都能闯出自己的一片天地。

下了班车，放眼望去是熙熙攘攘的新生，而形单影只的我，被淹没在人群中，看起来如此渺小，如此不值一提。启程前的威风与自信被这样的场景充斥的消失殆尽，以为是“莅临”，结果是“朝拜”。而此时，心里只有一个念头：优秀的学生这么多，但愿我不要做那个最差的。

在学长的带领下，我来到了旅游与休闲管理系的报道处，签到、找宿舍、领军训服……略显木讷的我跟着学长，不敢多问，只管应声说着“嗯嗯，好……”

我的大学生活，在军训的呐喊声中开始了。

热火朝天的军训时光半个月后终于结束了，而我依然在努力适应着南方的湿热天气。磨合了半个月的大一新生，军训一结束就赶紧撺掇着“扎堆抱团”，各自寻找着自己的“小组织、小团体”，生怕把自己给落单了。于是，满怀思乡情结的孩子们又热火朝天地操办起了各自的老乡会，试图用乡音，在这千里之外，来寻找一丝慰藉。

看着其他省的老乡会办得如火如荼，直看得我心痒痒。结果等了好几天，也没见河南老乡会有什么动静。我一想，既然没人办，不如我来起个头。说干就干！跟另一个河南老乡赵帅一商量，我们俩就开始行动了。看到一张张海报贴满了学校的各个角落，我的心也满怀期待。

三天后的聚会，我们先是在马踏飞燕雕塑下集合，随后大概30人的队伍转战至食堂2楼。“河南人在桂林，干杯！”我们一同举杯，共话家常！

这次聚会结束后，学校紧接着又迎来了一年一度的社团纳新，于是我也热情满满地开始继续寻找着自己的新组织。我先是面试了旅休系的分团委和系学生会，结果被拒，面试的学长给的理由是：“此人废话连篇，不实干。”随后我又去了校团委和校学生会，依然被拒，学姐给的理由是：“不注重穿衣打扮，太随性，难成大事。”

“竟然没人要我！我竟有如此不堪吗？”我在心里对自己说。“既然没人要我，那我还是先做我的老乡会吧。”我这样安慰自己。

眼看着其他老乡会不是搞个聚餐烧烤就是组织郊游，而我们河南老乡会却迟迟没有动静。我心想，既然还没人组织，那我就继续组织呗。

我跟赵帅再次合计了一下老乡会的事，我想既然我们是旅游院校，那就先以户外郊游的形式收拢团队，促进相互了解。于是，我挤出课余与休息时间，一心扑在老乡会的事儿上，我独自跑去跟桂林星辉旅行社谈合作，前前后后组织了十几场聚会活动：海洋乡看银杏、爬尧山、良丰农场踏青、徒步漓江等，后来我还专门给我们的河南老乡会起了个名字，叫“华豫之家”（河南简称“豫”）。

为了树立河南人的良好形象，我们开始组织大家做公益活动，比如去良丰农场帮果农摘果。功夫不负有心人，华豫之家越来越有模有样了。

就这样，时间不知不觉已经到了十二月初，有一天，我骑着车子绕过相思江，来到校园后面的良丰农场，刚一进去就被这万亩橘园震撼了。看到一位身着军训服的爷爷正在摘果，和他闲聊中得知，爷爷身上穿的军训服正是从学校学生那里收来的，爷爷还说采摘工们很缺这样的军训服。此时我脑海中蹦出一个想法：我们何不搞个募捐军训服的活动呢？跟爷爷说了我的想法后，我问他：“你们需要多少军训服？”爷爷说：“越多越好。”

和华豫之家成员商量后，就开始行动了。

军训结束后，大多数学生处理军训服的方式都是扔掉，或者变成抹布，而我们贴出募捐的宣传单后，军训服有了新去处，不到一周的功夫，我们就募捐到300多套军训服，之后进行分类、清洗、包装。

募集和准备工作结束后，我和洪孝楠就带领着华豫之家的代表团，坐上了敞篷拖拉机，准备将一箱箱衣物送至良丰农场。当拖拉机一边行驶在校园里，我们一群人一边在车上高声唱着凤凰传奇的《月亮之上》，那画面太拉风了，一路上竟引来了不少学生跟着送行到校门口，当然还有随行的摄影师一路跟拍，那阵势真像在拍一部大型 MV。

到农场时，已经有不少村民等在那里了，我被农场的采摘工队长从嘈杂的人群中带到了讲台上，立在高台上的我，瞬间有了毛主席领导秋收起义的 feeling。

“大家好，我是小强，是桂林旅专华豫之家的会长，我们河南老乡这次为大家募捐了一些军训服，方便大家干活时使用，以后如果你们还有其他事情需要帮忙，可以随时给我们打电话。第一箱是军帽，第二箱是上衣，第三箱是裤子，第四箱是鞋子，大家一字排开，领取军训服。”

看到一件件军训服被果农们领走，我心中升起一股莫名的成就感。

尽管我们宣传单上写明“只需要军训服”，但依旧有不少热心肠的学生送来夏秋装。秉承有始有终的原则，借着周末的时间，我和孝楠骑着自行车，将最后的三箱衣物送至周家村（重点贫困村）。

此时已是年末，很多学生已经放假回家，所以只有我和孝楠两个人来送衣物。

说明来意后，在村长的帮助下，一个小时就处理掉了两箱衣物。至于最后一箱，村长建议我们去隔壁村，说那里也许有需要。和孝楠告别后，我独自一人骑向了常家村。尴尬的是村长竟不在家，我们索性将自行车锁好，抱着最后一箱衣服“送货上门”。

第一户人家，门前拴着一条大狗，还没等我走近，就开始“汪汪汪”地叫起来，只好敬而远之。

第二户人家，正在吃饭，当我说明情况后，他们一脸不屑地说了句：不需要！

第三户人家，只有一个小女孩，一看到我就害怕的撒腿就跑，紧闭屋门。

……

多次闭门羹后，我开始质疑自己：这样做有何意义？但依然硬着头皮继续询问：“你们需要衣服吗？”正和一户村民解释着，有两个奶奶朝我走来，问道：“你就是那个募捐衣服的小伙子吧？”我楞了两秒后使劲地点头，于是最后一箱衣物就被她们带走了。看着她们离去的身影，我心中的石头终于落地了。

所以说做公益也不是一件容易的事儿啊，必须得怀着一颗真诚的心才能让别人足够信任你是真的为他们好，而不是作秀给别人看。

2010年的3月初，刚开学的我们，又和旅休系合作，对一栋教学楼进行了清洁；

4月1号，在踏青的季节里，我们去了良丰农场二队和雁山植物园，上午对橘树的嫩芽和花进行了修理，下午游览了精品植物园、珍稀物种园、杜鹃园，自然科学的神奇深深震撼了我；

4月23号，我组织了42个华豫之家的成员，在王教授的带领下，一起游览了十里画廊，参观河蚌大酒店、休闲度假山庄，增长了不少的课外知识；

5月1号，我带领大家一起徒步漓江，途中讲解了月光岛的开发，参观了浪石村的古宅，同时游览了鲤鱼挂壁、童子拜观音、鱼尾等峰林奇观；

……

这里说一件有趣的小事。有一次，旅休系分团委书记找到我，对我说："小强啊，听说你那个华豫之家搞了个募捐军训服的活动，搞得不错，经院领导商议，你被咱们院系评为"学雷锋月"优秀代表。同时呢，咱们院还想给你举办一次个人公益讲座，主要跟大家分享一下你的这个做公益的心得。你看怎么样？"

于是，在学校的支持下，更加坚定了我做公益的信心。我也第一次作为华豫之家的代表，在全校学生面前做了一次公益讲座，主要讲了我们如何募捐、做公益的想法，以及我们华豫之家的现状。可谓是给华豫之家做了一次扎实的宣传，并且得到了学校的肯定和认可。有意思的是，当时台下坐着听讲座的，还有当年团委和学生会面试时拒绝我的学长、学姐，看着他们见到我出现在讲台时惊愕的表情，我又想起了他们当年面试我时说过的话："此人废话连篇，不实干""此人不注重穿衣打扮，太随性，难成大事"。

经历了一年的成长磨砺，我们的华豫之家不仅没有像其他的老乡会一样只是吃吃喝喝的聚会，也没有解散消失，反而力量在一天天不断壮大，这里不仅有河南人，还有许许多多被吸引来的其他省份的人，这已不仅仅是个老乡会了。赵帅调侃着说：“我们这样都能独立成社团啦！”这句话倒是启发了我。

为了华豫之家能在学校站稳脚跟且长效发展，一届一届地传承下去，我决定将华豫之家改建成为一个正规团体，一个有组织、有纪律的鲜活团队，于是，华豫之家就算是在学校里正式“挂牌上市”了。

我作为会长，赵帅跟另外一个老乡丁婷成了我的左膀右臂。就这样，华豫之家在学校中立住了脚跟。

一直以来，河南人这个标签总是会让大家多多少少用有色的眼镜去看待，当初组织老乡会也是想要做些实事儿树立河南人的良好形象，现在华豫之家也成立了，更应该让它的存在具有切实的意义。

经过反反复复的思考与修改，我制定出了华豫之家的组织纲领——

宗旨：践行公益行动，树立良好的河南人形象。

目标：大学3年内，在生活上和学习上相互帮助，毕业后仍然保持联系，成为彼此事业上的助推器，建成一个受益终生的团队！

项目：专业学习；公益事业；外出游玩；创业实践。

……

2010年9月26日，是华豫之家开始纳新的日子。军训结束后，新一轮的募捐也即将开始。在新一批成员加入我们之后，我决定带领这批新鲜血液，开启这一学期的第一项公益之行：帮助良丰农场的果农采摘金橘。

于是我们联合了曦苑文学社一起开始手绘海报，招募志愿者去进行帮扶采摘活动，作为奖励与回报，可以在橘园免费品尝金橘，但不能外带。这一具有体验式的公益活动即刻得到了热烈反响，既能助人为乐，又能免费吃金橘，还能体验果农的劳作，让不少人踊跃报名，几场下来，我们竟然组织了总共 500 人的公益队伍。

到马踏飞燕的集合地点后，远远就看到了华豫之家与曦苑文学社的旗帜。这里大多是大一的新生，于是，我问了他们一个问题：你们都看到华豫之家的旗帜了吗？有没有人知道它的含义呢？

大学期间我将华豫之家从无到有，从弱到强。践行公益，一直以来也都是我们的优良传统。大一和大二的两年期间，华豫之家与学校周边的良丰农场、周家村及常家村建立了良好的帮扶关系，从橘园打花采摘到向村民果农募捐军训服，还有定期的英语支教，我不断摸索，如何将公益做到立体化、长效化，并一届届进行传承，做持续性的公益行动。

每年 10 月份，募捐军训服；

11 月份，帮助果农采摘金橘；

3 月份，帮助果农橘园打花；

5 月份，村民小孩英语支教；

……

直到现在，我决心做公益的脚步也从未停止，毕业后的我，又开始了小强环球公益旅行基金的创建之路，可谓是将梦想扎根于华豫之家，而绽放于环球旅行。

会　旗

# 曦苑文学社

大一快要结束时，我所创建的华豫之家俨然已成为全校老乡会的风向标。就在这时，作为小明星的我突然又掉进了另一个“坑”——曦苑文学社。不过，“倒霉”的不是我，而是这个“坑”。怎么回事呢？且听我慢慢道来。

曦苑文学社在新老换届时，社长谷维欣找到我，问我想不想做下一届社长。我想了想，觉得自己不适合，一是没有文艺细胞，二是时间很难兼顾，三是这么一盘散沙的小社团该如何存活，所以我婉拒了学姐。学姐后来又找了我很多次，最后一次语重心长地对我说：“文学社需要小强你这样实干型的人去改变，学生需要文学的滋养，一个学校不能没有文学社！”就这样一个理由打动了我，我抱着试一试的心态站在了社长竞选的讲台上，却意外地竞选上了。同期竞选的还有华豫之家的赵帅、郜秀丹、王超、他们分别担任了副社长、秘书长和组织策划部部长（谷维欣学姐后来也找了他们）。

新一届的文学社就这样诞生了。我们第一个例会集中讨论了当前面临的困境和未来的发展方向，有人认为我们应该搞文学创作，也有人认为我们应该多做宣传推广……作为新上任的社长，我提议当下先搞好内部团结，再对外扩张。所以我们先从外出旅游开始，筹备的第一个活动就是——徒步漓江。这次活动由曦苑文学社和华豫之家一起组织，参与人数达 50 多人，徒步路线从杨堤到兴坪，一起欣赏了桂林山水甲天下的精华美景。小试牛刀之后，我们又兴致勃勃地组织了第二次活动——蝴蝶谷探险。这两次活动无论从线路设计、车辆安排、门票预订，还是实地踩点、宣传推广，都展示了我的能力。

沉淀了一个月后，我们召开了第二次大会，谈论文学社的发展方向。有人提议做诗歌比赛、文学创作等传统活动，而我认为：作为旅游院校，应该突出我们的特长，以旅游活动为依托，做旅游文学。这一提议一出，立马遭到了赵帅、郜秀丹、王超的反对。面对核心骨干的反对，我压力山大，在争论无果的情况下，不欢而散。会后我找到校青协会会长洪孝楠（现在是小强环球订阅号的编辑），将我内心的矛盾和纠结说给他，他对我说：“小强，我劝你别趟这趟浑水了，还是尽早撤吧，这样也能卖个顺水人情。”

谈话后那一夜无眠，我躺在床上翻来覆去，思忖良久：如果让他们留下，我的计划实施将遇到内部人的重重阻碍，团结何谈？

如果让他们离开，那么刚成立的领导班子就分崩离析，我就成光杆司令了，不得不重新调兵遣将，未必有现在好，而且他们本就是华豫之家的骨干，搞不好的话，还会影响到华豫之家。我就像站在十字路口，不知该何去何从。

最后我还是没有听孝楠的建议，决定重新组建领导核心，从剩下的社员中选拔出副社长和秘书长，且纳新补充血液。为了防止华豫之家的分裂，我增设了副会长，由副会长全权代表我去领导团队，避免我和他们三个的正面冲突，也好缓和他们之后离开文学社的不愉快情绪。于是在第三次大会上，我联合了五个部长，在会议上重新提议以旅游活动为依托，赵帅他们三人因不愿意跟随新的方向而被罢免了职务，赵帅很气愤地和我打赌，文学社会死在我手上，我坚定地说："如果一年之内我能够将文学社做大做强，你就要当着所有人的面给我道歉！"赵帅嘴一撇来了句："搞好社团有什么了不起，你学习不咋地也是白费！""好！赌约再加一条，如果我还能拿到桂林理工大学学士学位和其他任何的职业资格证，你要在华豫之家所有人面前承认我比你厉害！"他很痛快地答应了。就这样，这次风波暂告一段落。

"改革开放"之后我做的第一件事情就是和书画协会联谊，让社员自我展示风采，书画协会进行了古琴弹奏和书法展示，我们出演了小品和相声，彼此社员的感情增进了不少，还成就了一对儿"神雕侠侣"（我社新任组织策划部部长和书画协会的宣传部长因为这次活动走在一起，后来当我在新西兰打工旅行时收到信息，他们已经在新疆结婚并在那里定居，而我作为当年的媒人也替他们感到高兴）。之后我想是时候走出去了，紧接着筹备了第一场对外活动——“影视欣赏——《雏菊》”，第二天晚上我们又组织了影评，但没有昨晚火爆。

慢慢地，我意识到文学社有能力举办一场大型活动了，正好也到了社团每年经典活动展示的时间，于是我便召集大家，认真准备《一封家书》演讲比赛。这次活动主要针对大一新生，远离家乡求学的孩子难免思乡心切，更易引发共鸣。一经设立，立马执行：制作海报、宣传单、报名表、横幅标语、排班宣传，历时四天的宣传造势，让我感动不已。社员的积极性之高，负责程度之高，让我忍不住给他们点 32 个赞，甚至不惜牺牲自己吃饭午休的时间来排班推广，让我忍不住给他们再点 32 个赞。通过大家的努力，报名人数达 38 人，经过初赛、复赛的激烈角逐，最终有 9 名优秀的同学进入总决赛。

为了这次总决赛，我们着实下了功夫。这是文学社重振旗鼓的好机会，不容有失。作为社长的我，更是小心翼翼地反复敲定各个细节问题和流程：从邀请学校老师担当评委，到会场确定、现场设备调试、节目筛选、工作人员任务分配等一系列问题。除了常规的一、二、三等奖项的设立以外，还设立了一个最佳人气奖，希望选手能够组织自己的拉拉队，这样活动想不热闹都不行。我们提前一天进行了彩排，反反复复练习。等到第二天大赛开始，我们提前两个小时布置会场，联系 5 位评委老师，再次确认每个工作人员的职责，且确保评分统计人员、礼仪人员、主持人、表演人员一一到位，晚上 7 点半活动正式开始。

经过激烈的比拼，最后喻文倩（现为小强环球工作室的成员）同学获得了本次大赛的一等奖，她演讲的《乡情悠悠至新疆》展示了一个远离家乡孤单少女的坚强。颁奖过后，文倩参与了我们精心设置的小节目——爱心连线，通过扩音器让在场的观众一起分享这份隔空的亲情。电话中，文倩说道："妈，在吗？告诉你一个好消息，我今天得大奖了。"老妈回复道："真的吗？什么大奖呢？""《一封家书》演讲比赛一等奖，这是我们学校举办的。"母亲笑道："好好好，真为咱家争光，你的生活费还够吗？""够够够，这次演讲比赛的奖金还有 300 元呢，我不跟你多说了，现在在比赛现场，晚上再给你打电话。""好好好，我等着你。"电话挂断后，台下响起了一阵哗啦啦的掌声，评委张老师上台提议活动结束后，大家也给远方的父母打一个电话，并表达感恩之情。我们的手语节目《感恩的心》也将整个活动推向了高潮。活动结束后，回想那感人肺腑的演讲，临时音响出问题下的现场清唱，和华豫之家《我是河南人》的快板表演，这些都让我激动万分。来自老师的表扬，社员的肯定，文学社终于活了，不仅活了，还火了！最终《一封家书》活动在全校 30 多个社团活动中脱颖而出，获得一年一度的最佳社团精品活动奖。

作为一个以文学见长的社团，没有一个作品交流的平台太可惜了，于是乎，我决定制作期刊，基于学校是被相思江水环绕，我们将期刊命名为《相思江畔》，后来我亲自找校团委书记争取，得到了学校的基金支持，印刷了1500多份《相思江畔》，后学校将其定为校刊。

在随后的半个月内，我们在学校举办了“校刊发布会”。为了更广泛的宣传，我特别提议邀请全校各个班级的学习委员来参加，制作邀请函160份，并分发了出去，向全校师生传达：《相思江畔》是旅专文学的一个里程牌。吸取了上次《一封家书》演讲活动的经验，此次发布会彩排了两次，特意调试了设备，提前三小时布置会场，以确保perfect。我们的期刊分为四大板块：旅专征文、社团风采、旅专人物、网文推荐。在讲解社团风采版块时，我们还穿插了吉他协会会长的《蓝莲花》弹唱，舞蹈协会的JAZZ表演，随后就到了“校刊发布会”的提问时间。首先是大学生记者团，马踏飞燕网站，其次是校五大组织代表，最后是现场观众。我和副社长王丽对问题进行了一一解答。同学们的问题可谓五花八门：经费从哪里来？有没有稿费？社长有没有女朋友？可不可以在期刊上公开写诗，表白求爱？

曦苑文学社经过一年的奋力拼搏，终于迎来了三奖并获的好消息：曦苑文学社获得了“最快进步社团奖”，《一封家书》演讲比赛获得了“年度三大社团精品活动奖”，我本人也获得了“最佳社团干部奖”。当三奖并获的海报贴满所有的寝室宣传板时，我想起了和赵帅打的赌。不过一切都不重要了，重要的是如何传承给下一届，并沿着这样的步伐继续前行。

曦苑文学社犹如一个小企业，在我手中运作，从风雨飘摇的社团到三奖并获，从只有100元会费到1500本《相思江畔》的发售……我从中学到了营销、策划、管理，今天创立的小强环球工作室也得益于此。

# 一次失败的穿越

壁炉里的火烧得正旺，把整个屋子里烘的暖暖的。此时我正在美国实习，干妈 Doris——一位慈眉善目的美国老太太，正坐在我对面，手中握着一杯热咖啡，安详地听我讲着我的故事……

“刘星，后面有人掉队没有？”

“强哥，前面石头多不好走，要小心！”

“前面是悬崖大家靠里走！”

“大家坚持一下，我们马上就走出去了！”

……

花坪国家自然保护区有四季不凋之花，故名“花坪”，素有“南国瀑布之乡”的美称，同时也是桂林唯一一处亚热带原始森林。

这么美的地方，岂能错过？

在我的吆喝下，“风雨无阻户外俱乐部”成员纷纷响应，查好路线和攻略，我们就出发了。先从桂林市坐班车，到达临桂县宛田乡，倒面包车一小时左右，我们就到了目的地——花坪自然保护区入口。

大家迫不及待地跳下车，稍作准备后就出发了。

土路，又刚下过雨，到处是水坑，非常难走。约两小时后，我们正式进入林区，眼前出现了漫山遍野的竹林。

正值初夏晌午，天气由阴转晴，我们的心情也一样。湿热的空气催促我们脱掉外套，一路上大家拍照、玩水、追逐打闹，充分享受这样难得的快乐时光。

高耸的竹子环绕四周，抬头望去，浓密的竹叶纵横交错，构成了一张接天蔽日的绿色天网，山风吹过，竹叶相互摩擦，沙沙作响，仿佛进入了《十面埋伏》里的绝美场景，一时间让人如痴如醉。

“此时要是会轻功就好了。”我在心里这样想着。

来到半山腰，我们面前出现了一个美丽的小村落，这里的房子依山而建，错落有致。

“这不是我们常常在电视里看到的那种吊脚楼吗？”一个女队友说。

远山含黛，流水叮咚，农家屋顶飘起的几缕炊烟让整个村庄愈发显得朦胧，如同一幅美轮美奂的山水画一般。

没走多远，耳边便响起此起彼伏的犬吠声，一下子惊醒了整个静谧的村庄，似乎是对村庄的主人提醒着我们这群陌生访客的到来。

不多时，路口一户人家走出来一位大哥，看到我们便问：你们从何方而来？将要去往哪里？

我差点就脱口而出：“我们来自东土大唐，去往西天拜佛求经。”

说明情况后，这位大哥便向我们热情地推荐了徒步路线以及需要注意的东西，虽然操着浓重的乡音，却让我们倍感亲切。

寒暄过后，我们了解到，大哥姓杨，是这边的农户，而这里的村民都属于壮族，以竹林为生，不光自己家做竹椅、竹杯、竹篓，连他们家的房子也是竹子做的。

当我们看到架在半空的竹子，便好奇地问：“杨大哥，架在高处的竹子做什么用呢？”

“那是我们取水用的竹渠，把竹子劈成两半，连接起来，然后用它把高处的泉水引到村里，我们世世代代都靠它来取水。”

“太神奇了，我还第一次见到全部用竹子做的房子，而且没想到竹子的用处竟然这么多！”我们一路走，一路学。竹子是大自然的馈赠，而智慧的劳动人民将它变为宝物。要我说，这些东西都可以算作非物质文化遗产了吧。

告别了杨大哥，我们继续前行。

按照杨大哥的指示，往前大约走了三四公里，便听到流水撞击而发出的轰鸣声。至此，我们便来到了此次徒步的第一站——

著名的红滩瀑布。

站在瀑布底下，周围全是水雾，巨大的水流从高处冲下，就像一条巨龙嘶吼着扎进深潭，那种震撼的场景至今想起来依然记忆犹新。

瀑布形成的风把周围的水雾全部吹散出去，大家靠近后都开始情不自禁地尖叫起来。

“快拿相机给我俩拍个照！”

“那个刘星，往那边一下，拍瀑布又不是拍你，怎么老出现啊！”

站在水雾里，不一会，所有人的衣服全都湿透了，一个个跟落汤鸡似的，但每个人的脸上都是兴奋的表情，迟迟不肯离去，仿佛那水雾能够将灵魂净化一般。

再看那潭中的水，清澈如瑶池玉液一般，摄人心魂。几个男生索性将衣服一脱就跳进潭水里，进去后没多久又狼狈地窜了出来，看到他们身上全是鸡皮疙瘩，我在一旁一边笑，一边把衣服赶紧递给他们。

拍完照片后，我们便绕着山路继续前行，经过一段陡峭的悬崖，艰难地爬到瀑布的上游。这时，眼前出现了左右两个峡谷。该选哪边呢？我们派出了两个探路小先锋，刘星去右边勘察，我去左边，十五分钟后，回来报告：右边峡谷没多久就看到了尽头，而左边的峡谷有一些游客扔的垃圾。于是，作为队长的我便毫不犹豫地选择了左边的峡谷。这时我的右眼皮跳了两下，同时脑子里出现了一首诗歌："黄色的树林里分出两条路，可惜我不能同时去涉足……"

这时已经接近下午了。我们一路上顺着峡谷走去，有水的地方就淌过去，一路嬉笑打闹，就这样一直走了大约四个小时，直到眼前突然出现的一个瀑布，将前路拦腰截断。

这时，我才意识到：走错路了！我对自己之前的误判懊悔不已。

此时已是下午七点多，做了四个小时的无用功，再加上大家基本一天都没吃东西，体力都快不行了。想到这里，心里瞬间崩溃。看到大家难看的脸色，作为领队，我除了道歉也不知道该说什么。

正在我们商量该怎么办时，天上轰隆隆地打了几声雷，几道闪电瞬间惊醒了争执的我们。紧接着，豆大的雨滴砸在我们身上。我们都开始慌了。

"强哥，下雨了，我们怎么办啊？"有人大叫着。

"淡定，待在原地，过十几分钟也许雨就停了。"

结果十几分钟过去了，雨不但没停，反而越下越大。眼看着山上的水都从四面八方流下来，就像突然凭空出现了好多水龙，嘶吼着倾泻而下，汇聚成更大的水流，我们脚下的地方马上被淹没了，不一会，地面的水就涨到了膝盖处。此时我心想，不愧是"南国瀑布之乡"，现在果然四周到处都是"瀑布"。

"要么等待救援，要么原路返回。"

刘星立刻分别用中国移动和联通拨打了110，但没有信号，无法接通。此时大家都绷着脸看我。作为领队，我非常清楚接下来我们可能面临的一切，马上开始安慰大家，稳定大家的情绪。

此时我们正处在峡谷底部，按照这样的情况，我们一会很有可能被山洪冲走。

“赶快上树！”我当即大喊一声，生怕下一秒就被大水冲走。

于是我们赶紧先爬到旁边的树上躲着。

“强哥，我们不会被困在这里吧？”

“水一会要是真涨起来我们该怎么办啊？！”

……

就在我心乱如麻时，一个队友提议道：“我们应该就在树上待着，直到水退去。”

“不行，这可是打雷天啊！我们这样待在树上很有可能遭雷劈的，而且在树上也不可能待一晚上吧，否则不是被冻死，就是被饿死。”这个提议当即遭到我的否决。

权衡再三，我最终决定：马上原路返回！

这时天已经完全黑了。

在我的组织下，大家排队前进，以蜗牛式的方式组队：刘星断后，我走在队伍前面，阿超在最前面探路，相当于蜗牛的触角，其余人手拉手，充当蜗牛的身子。我们总共四个手电筒，一个备用，剩下三个分别给“蜗牛头”和“蜗牛尾”各一个，最后探路者用一个。组织好之后就开始出发了。

此时，最深的地方，水已经过腰了，基本就相当于游泳池的浅水区，在没有救生圈的情况下，我们深一脚浅一脚地走着，根本不能摔倒，因为摔倒就意味着溺水。

每隔一段时间我就会问一句：“刘星，后面有人掉队没有？”这时大家情绪都很低落，神经都绷得紧紧的，谁也不说一句话。为了让大家放松一点，我只能故意大声说话，让周围不显得那么安静。

“强哥，左边水深，大家靠右走！”阿超一直向我汇报情况。

“收到！收到！”我故意提高声音回复，马上又会向后面大声说：“前面靠右走，大家多留神！”结果刚说完就听到一个女生叫了一声，马上旁边的人大叫道：

“强哥，吴婉脚崴了，怎么办？”

听到这里，我头都大了，这种情况是现在最忌讳的。还好，她伤的不严重，我让旁边的男生帮她背包，慢慢扶着她往前走。

雨还一直下着，路越来越难走，显然女生的体力都消耗得差不多了，她们走得越来越慢了。

最后，我把她们的装备全部转移到周围的男生身上，可能时间太晚了，再加上体力的消耗，有些队友已经筋疲力尽了，我只好使用起“半小时理论”，时不时地大声说话：

“文倩，要小心别掉队啊！”

“大家快点啊，我们快到目的地了！”

……

就这样，在艰难地淌水行进了五个小时候后，我们终于来到了岔路口。接下来，便是更加危险的悬崖峭壁，虽然来时我们只用了半个小时通过，但这里此时却成了我们的鬼门关。因为只要一个不小心掉下去，便是生死两隔。更加不幸的是，此时两个手电筒相继熄灭了，另一个以极其微弱的光线勉强支撑着，我们只好打开了最后一个备用手电筒。

“前面是悬崖，大家一会都尽量靠里走。记住，不要手拉手，因为这样很危险，万一一个掉下去，另外一个也会掉下去。”不管怎么样，我们都要做好最坏的打算。

通过悬崖的整个过程中，我们就像特战队一样，不停地喊着“口号”，确保每个人的情况都能随时得到了解。大家左手扶着崖壁，右手底下便是万丈深渊。

“大家保持距离，不要走得太近。”

“大家注意脚下每一步都要踩实！”

而此时的我，作为急先锋，手里面拿着最后一个备用手电筒，这是大家最后的救命稻草。每走两三步，我就会把手电筒的光线回撤，确保每个人都顺利通过。就这样，反反复复，像蜗牛一样艰难地前行着。上山时我们才用了 30 分钟，而此时是下山路，我们却走了一个多小时。

幸运的是，走出峡谷时，我们的备用手电筒还亮着。当我们看到红滩瀑布时，大家非常兴奋，有种死里逃生的感觉，欢呼着、嚎叫着。几分钟后，我们终于回到了半山腰处的土路上，此时雨也小了一点，我决定原地休息 5 分钟，让大家先吃点东西，补充一点体力。于是，顷刻间，饥肠辘辘的我们把帐篷、睡袋、背包全部扔在了地上，有种如释重负的感觉。

总算松了一口气，而此时已经接近凌晨一点多了。

修整完毕后，我们继续前行，一个小时后，我们回到了白天的那个村子，狼狈的我们惹得路边的狗没命地叫着，把主人都吵醒了，出来的正是白天遇到的杨大哥。他一看到我们十几个人的狼狈样，赶紧让我们进屋。于是我们提着大包小包一下子都拥进了他的家里。

进去后开始换干衣服，有好多队员没带其他衣服，要么就是带的衣服也湿透了，只能站在一旁瑟瑟发抖，于是，杨大哥就主动拿出他们家几乎所有的干净衣服让我们先换上。这时我们也顾不上形象了，不管男装女装，都随便穿。

之后，杨大哥又生了一个小火堆，用来烤干我们湿透的衣服和鞋子。大家围成一个圈坐着，有人拿着手机不停地甩水，有人在拧衣服，有人脱了鞋子在烘脚，有人啃着面包，此时谁也没有力气多说一句话，周围只有柴火烧尽的啪啪声，火光把每个人的脸照得通红通红的。

由于我们人太多，一楼住不下，杨大哥又帮我们收拾了二楼——一个用竹子做的阁楼，剩下的人就在上面搭着帐篷睡觉。

第二天早上，我被楼上的声音吵醒。待我上楼打开窗后，立马被眼前的景色倾倒了。

周围的一切都是白色的，仿佛置身仙境。

“哇！云海，好美啊！”

听到“云海”两个字，一下子所有人都起来了。

都说“不经历风雨怎能见彩虹”，我们没有看见彩虹，却看到了云海。我想，这是对我们这次失败的穿越最好的安慰。

待所有人都起床后，已经九点多了。杨哥告诉我们：人太多，菜不够。于是，早已饥肠辘辘的我们，在杨大哥的指引下，一起出去采了蕨菜和竹笋，正好刚下过雨，外面的竹笋特别鲜嫩。回来后，我们先把火锅料放进锅里煮，之后再把蕨菜、竹笋、猪肉片、萝卜一起扔进去就齐活了。煮了不一会功夫就可以吃了，大家你争我抢，最后连火锅底料都没有剩下。

吃饱喝足后，我问杨大哥进山的路，想再穿越一次，结果被大哥一顿批评：刚下过雨，林子里面有好多虫子，像蚂蟥啊什么的，人很容易被咬，连我们农户在刚下过雨后都不敢进山。

于是，这次穿越也只能到这就结束了。

最后杨大哥帮我们叫了一辆村子里的面包车，随着汽车在山路上晃晃悠悠地行驶，我们也慢慢地离开了这个地方。

无疑，这次的穿越失败了，但是在途中遇到的生死考验，却让我们更加珍惜以后的生活，也意识到了团队合作的重要性。

这次穿越也是“风雨无阻户外俱乐部”的最后一次徒步探险，虽然失败了，但却真正践行了俱乐部的名字——“风雨无阻”。

故事讲完后，我跟干妈 Doris 说，回国以后，我一定要再穿越一次花坪，因为“风雨无阻，永不言败”。

半年以后，我再次带领学弟、学妹们，成功征服了花坪——桂林唯一的亚热带原始森林。

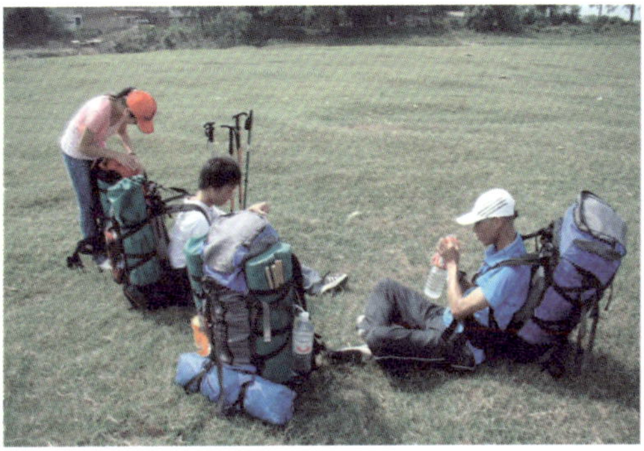

徒步是一种毒

徒步从 4 天三夜的漓江行开始，自此之后就爱上了这种毒。大学期间我成立了“风雨无阻”户外俱乐部，带领学生穿越了亚热带原始森林的花坪，高山草甸的摩天岭，世界高原的天湖，原始岩洞，无人区，石头城……

# 地心历险记

岩洞名称：未知

岩洞性质：尚未开发

危险系数：未知

岩洞深度：未知

探险装备：手电筒四只

探险人数：16 人

此时周围一片漆黑，我不知道等待着我们的是什么。面前的无底洞仿佛怪物张着黑漆漆的血盆大口，随时要将我们吞噬。手电筒微弱的光线以不规则的频率跳闪着，仿佛在与黑暗中的怪兽做着最后殊死的搏斗……

对未知的好奇让我们濒临险境，也许我不应该带他们进来。

此时，一声阴森的低吼从洞底传出，仿佛整个岩洞都开始颤抖。突然一道白光闪过，我来不及躲闪，一个踉跄跌入无底洞中，耳边只听见队友大喊：“小强！小强！……赶紧起来，一会上课要迟到了。”

噩梦初醒，惊得我一身冷汗。

三天前，也就是2011年9月21日，“风雨无阻户外俱乐部”16位成员，由我带领，来到桂林南面40公里处的七里坪。它位于临桂县会仙镇，方圆500亩，集中了各类风格各异的自然景观，不仅有形态奇丽的山，繁茂苍郁的森林，以及芦苇荡和湿地，还有近千亩的天然草原，颇有塞外风韵。

这次我们走短线，晌午刚过，便来到了七里村，路过一排村舍，眼前风景顿变，一大片嫩绿的草原就这样毫无防备地闯进我们的视野。在南方境地，竟私藏着这样一片“塞外江南”，让人仿佛时空穿越至风吹草低见牛羊的蒙古大草原。

“快看，蒙古包，还是石头做的呢！”

我们这才注意到，大大小小约摸有十五六个蒙古包屹立在草原之上，甚是奇特。

后来听当地村民们说，曾有投资商看中了这片大草坪，欲投资将此处建成具有西部草原风味的旅游区，但不幸刚刚建了16个蒙古包的外壳，资金却出了问题，如今人去景空。

我们一行16人在草原上信马由缰，恣意欢乐，又来到“蒙古包”前合影留念。放松修整过后，我开始对这些蒙古包产生了兴趣，我发现大部分的蒙古包是空的，人可以进去，但靠近中间那几个却用铁门焊死，无法进入，当我趴在门缝往里看时，里面一片黑暗，于是我打开手电筒，发现里面的地面上有一块破旧的草席，下面似乎掩着什么东西。当时的我并未多想，只当是修建工人留下的废弃库房。

我们又在草坪上休整游玩了一番，一看时间，才下午 2 点，大家似乎都还未尽兴。这时，我突然想到来时在网上听说附近有许多天然溶洞可以探险，自己也想一探究竟，于是就跟队友说起此事，大家好像都来了兴致，嚷着说现在时间还早，不如去探访探访，游走一番。

但我也只是听说，具体该怎么走，还得问问当地的村民。问了一圈，许多村民也都像我一样，只是听说。后来，问到一位老人家，说有个岩洞他小时候曾去过，但已过去多年，只是依稀记得有这么个溶洞。我们请老人带路，并给了他一些辛苦费。

我们开始往洞穴方向走，上山是一路的荆棘小道，刚走一会儿，就没了路的影子，周遭被一片杂草淹没，若不是老人家在前面用镰刀开路，砍出一条道来，其他人根本不会往这个方向来。

约摸二十分钟，来到半山腰处，老人领我们到了一个洞口前。此洞口仅一人大小，队友阿星第一个进去探路，发现是个死洞，里面根本没有路。

往前再走十来米，我们又发现一洞口，被荆棘杂草虚掩着，显然是许久没有人造访过了。费了半天劲，我们终于清理出一条道来，聚到洞口。这个要比前面那个稍小一些，一米见宽，半人高。几个好奇心重的队友跻身进入洞口，不一会儿出来便说："应该就是这里，里面还挺宽敞！"

我们本打算让老人家一起进去给我们继续带路，但他却推脱说家中还有农活要做，再给他钱也不愿与我们同行了。

"里面危险吗，会不会有什么动物啊，野兽啊？？"有队员不安地问道。

老人迟疑了片刻说："应该没事的，但这么多年过去了，里面发生了什么变化，我也不清楚，要不你们就在洞口看看得了。"说完，老人便自行下山去了。

队员中有几个胆子小的女生，显得有些迟疑。我们以前也曾走过几个溶洞，但这个却是没有攻略参考的未开发洞穴。看到大家心里都有些忐忑，我开腔给大家鼓气："我们要做第一个吃螃蟹的人，探险精神是咱们徒步人的基本素质，不是吗？说不定这里面还藏着宝藏哦！"听到我这么说，大家的猎奇心又盖过了疑虑，个个都跃跃欲试，想要进去一探究竟。

进得洞内，果然是别有洞天。除了空间不小之外，依稀还可听到水流声，应该是地下暗河。我们仅有四个手电筒，这就意味着在所有手电筒没电之前，我们必须走出岩洞。我打开手机，信号微弱，心想再往里走定不会有信号了。

虽是徒步，但当时还是学生的我们并没有带绳索之类的应急物品，在毫无准备的情况下，我们一行 16 人，就这样贸贸然地闯入了一个未知洞穴，开始了我们的历险之旅。

前方等待着我们的会是什么呢？！

我们相互壮着胆子，向洞的深处走去。前方有一大段路是水岩，一脚踩下去全是水，我们就尽力贴着岩壁前行，湿滑的泥附着在光滑的石头上，也并不好迈开步子。

“哎呀！”

只听扑通一声，我们都惊了一下，原来是一个女队员脚下一滑，摔在了溪流中，幸好水流不深，仅没过脚踝上方。为了避免再滑倒，我们决定淌着小溪流前行。

灯光打在水面上，清冽的溪流荡着一串串细细的波纹向洞的深处流去。水下是闪闪发光的不明物体，微微泛着黄。同行的人兴奋地喊道：

“金子，不会是金子吧？！”

由于灯光有限，我们一时间也看不出所以然来，队友小朝好奇地从水中捞上来几颗，用纸包好放在了背包里，说是到了外面好好研究研究。就在这时，水中突然飞窜过一只白色生物，吓得我们赶紧爬上了岸，再去找时，已经消失了。印象里只是一只毛茸茸的白色小动物，一闪而过，游得飞快。

早就听说溶洞里一般会有一些白色蝌蚪、透明鱼之类的动物，那是因为长期接受不到阳光的照射而退化了黑色素的生长。但以那个体型来说，绝不是蝌蚪或者小鱼，反而更像是传说中的小白龙。可惜没有看清楚，只是自己的臆想罢了。

终于，我们来到了第一个分岔路口，溪流到这里也分成了两股，一股汇入了一个小洞口，不知流向何处，这条也是死路，至少对我们来说。因为水面之上的洞口太小，几乎贴着洞顶，人根本无法通过，除非潜水而过，由于装备有限，我们只好放弃，选择另一边。

我们开始沿着石幔攀爬，忽上忽下，越向前，水的痕迹也越少。古人说水是往低处流的，可水流怎么就渐渐消失了呢？来不及多想，我们继续前行。

走了一段旱岩，又走到了头。四处搜寻，才在岩壁处找到一条宽 1 米、高约 0.3 米的缝隙，只能一人侧着身子匍匐前进，我们不得不卸下背包拖在手中才能通过，还好我们中间没有胖人，否则还真有可能过不去，或者卡在中间。而对于女队员来说，这时候身材越好，反而越对自己不利哦。这里也是我们进入岩洞的第一道“矮门”，考验的是我们的身材。

阿星第一个带头，卸下背包后，手脚并用，我们也全然不顾形象，一心向前，瞬间一个个小鼹鼠成精。也就 3 米长的通道，我们却用了大半个钟头才全员通过。

向前走了不久，又遇到类似的矮门，爬爬走走，上上下下，差不多通过了三道矮门之后，终于得见平坦大道。此时我们开始走下坡路，大约一公里后，我们便走到了一个类似中庭的大洞内，里面有天然形成的钟乳石长阶。

总算是可以脚踏实地地迈步了，队员们把所有的照明设备打开，想看看这大岩洞的全貌。

“哇！～”

灯光照向岩壁的那一刻，我们都被眼前的景象惊呆了，大张着嘴巴，傻愣愣地站着。

光线所到之处，璀璨一片，仿佛置身童话世界的水晶宫殿。在白炽灯的照耀下，银灰色钟乳石上的方解石折射出闪耀夺目的光彩，形态各异的石笋、石幔、石花看得人眼花缭乱，有的像悬挂的莲藕、有的像“顶天立地”的金箍棒、有的像含苞待放的康乃馨、有的像白色的雪人。一时间，竟忘记了我们身处何处。

有人上前触摸钟乳石柱，冰凉而湿滑，底部还有水滴一声声坠落，看来都是还在生长的钟乳石，在这黑暗之中，静静地等待。这天然未经开发的岩洞可比银子岩、芦笛岩好看上百倍，仅仅只是电筒的冷光，就已将它们衬托得如此耀目了。

回味了好一会儿，队员们久久不肯离去，但毕竟我们的电量有限，不宜久留，还得尽快找到出口才是。

此时距我们进入洞穴，已经有 1 小时 20 分钟了。我们继续一路向前，道路却越来越窄。

“哎哟，小心后退！”

太险了，只见我们前方，横着一个直径约十米的大坑，将前面的路切断。这么大的坑，我们是没有任何工具能通过它的。有人向里面扔石头，久久没有声响，仿佛是无底洞一般。

“喂～～，听～得～到～吗～？”一会儿只有巨大的回声撞击着岩壁。

“这可如何是好啊，我们这算是进了死胡同了，要不原路返回吧？”

“不，再看看有没有其他的路！”

“这洞子深不见底，掉下去连命都没了！”

“快看，有啦！这儿有条小道！”

这时，我们大家才注意到，原来洞口边有一条一脚宽的小道，于是我们手紧紧地扒着岩壁上凸起的石头，小心翼翼一寸一寸地挪动着，生怕一脚不稳掉下去。我们的背后，就像是一个黑乎乎的血盆大口，感觉里面随时都会伸出来无数的章鱼爪子把我们勾下去。颤抖的双腿，紧闭的双眼，一度让几位女队员挪不动步子。

“不要往下看！调整呼吸，稳稳地通过。”已经通过的队友鼓励道。

终于，长舒一口气，我们又渡过一个难关。

进到另一侧岩洞，我们又一次惊住了，对面岩壁下堆放着一堆炸药盒子，旁边是废弃的大竹节筒，环顾四周，像是一个被遗弃的小工厂，推车上是已经氧化的被切断的钟乳石。

终于看到了人类的痕迹，我却不知道是开心还是沮丧。

“找不到出口！”

“不可能，这里有这么多工具，没有出口又是怎么运进来的？！”

我们四周找了许久，发现真的没有出口了，就在这节骨眼上，两个手电筒也相继熄火了。有人掏出了手机。

“啊，手机也快没电了，而且一格信号都没有！”

有人慌了，走了这么久，我们只见越走越深，却最终走到了这么一个死胡同。

“怎么办？我们不会就这样等着吧，不被饿死，也要被吓死了！”

“别说丧气话，我们还有两个手电筒，先关掉省电，你们的手机也都先关机，无论如何，我也要带你们走出去！再不行，我们还能原路返回，根据电量，提高速度应该没有问题！”

黑暗之中，我只听见自己的声音，还有各位队员不安的喘息声。在周遭一片漆黑的地下岩洞，恐惧与不安，慢慢侵袭着我们每一个人。

我有些后悔，在没有任何准备的情况下就带着他们进了这个未知洞穴，万一，我是说万一……我们难道真的要在这等待救援？！虽说可以原路返回，但途中如此之多的岔道，我们是否能准确快速地回到原点呢？越想，越是不安。这些想法我也只是在心里想着，不敢告诉队友。

我在黑暗中搜寻着一切，想着现在就能看到光亮、看到蓝天、看到白云、看到一切证明我还在地面的印证！

“不应该啊！这里如此多的工具，一定是有出口，除非是自然坍塌或人为原因，洞穴被封住了出口，但是这里也并没有见到任何尸骸。难道……”

听到“尸骸”，几个女生顿时站了起来，惊恐地环顾四周，虽然还是一片漆黑，但正是那种未知的恐惧反而更加让人不寒而栗。

“你是说……”

“对，我是说，难道洞口是被人故意从外面封住的？”

“如果真是这样，那只有两种可能，要么里面有宝藏，不想被人发现，要么……”

话还没说完，洞穴深处突然传来一声低吼！像是怪兽的低吟，又似乎带着一丝哀怨。声音感觉很远，像是从刚才的“无底洞”中传来，让人瞬间毛骨悚立。

“要么就是为了防止什么东西跑出去！”

“大家别慌！”我尽力克制住自己的紧张情绪，心里却杂乱无章。真不该带大家出来，但是现在后悔已经没用了，现在要解决当下的问题。

“我们要尽快出去，此地真的不宜久留！”一个队友说道。

这时几个女生开始小声哭泣。

时间一分一秒的过去，我的眼睛也慢慢适应了黑暗，思绪却越来越乱，紧张、恐惧、懊恼充斥着我的大脑，让我无法思考。

就在这时，我才注意到周围洞壁上的微弱光亮，就像是黑夜里的星辰一般，一直延伸到洞顶，星星点点，却疏密有度，其中最密集的光点甚至汇成了一条“银河”，延伸到洞穴深处。但是这些光点在开着灯光的时候绝对是注意不到的。

“月亮？”我几乎是喊了出来。

就在“银河”的末端，光点汇聚成一个硕大的圆盘，也是光点最密集的地方，就像众多星辰中的月亮一般，璀璨夺目。于是我打开手电筒照向那个地方，发现了一片圆形的潮湿水幕贴在洞顶，水幕上布满了小小的“斑点”，似乎是一种能够发光的飞虫，水幕沿着一端开始延伸，小飞虫也一路相随。原来“银河”是这么回事！我的手电筒光线继续跟着水幕延伸的方向走去，最后来到一个角落里，水幕至此不见了踪迹。而当我把手电筒的光线继续往下移时，突然发现一堆废墟和杂草。于是我走过去，用手简单清理了一下，突然一道细小的光线刺痛了我的眼睛。

“光？”我迟疑了几秒，有点不相信自己的眼睛。

我欣喜地大叫着：“有光，有光，看，光！”几乎语无伦次的我，口中直念叨着：“光！光！”

此时所有的队员都打起了精神，仿佛那是从天堂射入深渊的一道圣光一般，大叫着，破涕而笑。

于是我们将所有的手电筒打开，原来洞口被一堆废墟掩盖着，藏在一个小角落中，难怪刚才找了许久都没有发现。

清理出洞口，小得可怜，仅一个肩膀的宽度，我们必须团成一个球才能勉强通过。向上望去，出口距离我们还有三米多高，由于没有绳索，我们只好搬一些大石头来垫脚，然后又用竹竿做支撑，小心翼翼地攀爬。

阿星第一个爬上去，出去就在外面喊：“宝石，大宝石啊！！

快来看！”

其他人也跟着躁动起来，原来是出口射进来的光束，如同宝石一般沐浴着我们，终于看到曙光了。我们一个个激动得不知不觉眼角就渗出了泪花，仿佛是劫后余生一般！

就在我们高兴地大喊大叫时，身后的无底洞中又传来一声低吼，吓得我们赶紧又把洞口封住，然后向着洞口的“大宝石”狂奔。

结果五百米后，又遇一深坑，大约四五米深，直径约有2米，男生勉强能沿边跳过去，而女孩子就难了，眼看出口就在眼前了，还是要再考验一下我们。保险起见，男生先助跑跳过去，然后将找来的那些废弃的竹子搭桥，摇摇欲坠，两边男生手扶着竹竿以防滑动，女孩子才颤颤巍巍地一边踩着竹桥一边扶着洞壁通过。

出口的光明就在眼前了，我们从狭长的洞口爬了出来，像是从地狱的深渊里爬出来一样，终于得见天日。大叫着、兴奋着，也庆幸着。

原来，这个出口也在半山腰处，只不过是山的另一边了。天啊，我们竟穿越了整座山，而且是从地心走上来的。回想整个过程，真是让我有点后怕。

一路小跑下山，遇到一片竹林，落日余晖下，我们坐定，眺望远处青黛一样的山丘，水中倒映着山的隽秀轮廓，像极了画中的世界。晚风拂面，我躺在竹林间，望着被晚霞映红的天空，此时此刻，心中无限感慨油然而生，而我，只是淡淡地说了一句："天色正好……"

返程时路遇一个橘园，与农家攀谈，他得知我们的历险经历后，惊讶不已：

"从没听说有人穿越过这个洞穴，你们真是了不起啊！不过里面有没有奇怪的动物，这我不知道，也从来没听到过什么动物的叫声……要不是你们，我都不知道那个洞还有另一个出口可以穿过去。"

后来得知，我们看到的那个废弃小工厂，是他家以前开采钟乳石留下的，后来国家政策变了，不允许私自开采，那洞穴也就关停了。不过，我却在想着是否还有其他原因……

回校的路上，也算是一波三折，夜幕将至，辗转几次总算顺利到了学校。各位队员们也都各自回了宿舍。

夜里躺在床上回忆白天的惊魂探险，我想今夜他们也会同我一样，久久不能入眠……

# 一名专科生的逆袭

## 场景一：行者小强新书发布会

行者小强，何许人也？

哎，你们见过他照片吗？听说他长得像邢玉森！

邢玉森是谁？

老邢啊，《武林外传》你没看过吗？

哦，原来是他。

我听上一届的学长说，他可是旅专的神人啊！

还差点被学校开除

……

嘘！别说别说了，来了来了。

“大家好，我是行者小强，也是你们的超级学长哦，四年前我在这里举办了自己的个人毕业典礼……今天我可不是空手来的，这是我的新书《间隔年在新西兰》，主要讲述了……”

## 场景二：黎强宾个人毕业典礼

主持人：“下面有请洪孝楠朗诵诗歌《一座城池》！”

洪孝楠：“一座城池，颂旅休系好友黎强宾：

他，在旅专三年如一日地忙碌着。文学社、老乡会、英语学习小组、旅游交流小组等都是他一手办起来的，社团成绩，斐然卓著；

他，雷厉风行，在校园你总能看到他拿个破水杯和几本书，行色匆匆，以及那沧桑的让人只想寄予“感动的热泪、深切的同情”的背影；

他，口若悬河，滔滔不绝。与别人聊天，让对方一度陷入“沉默”是他得以“声名远播”和“臭名昭著”的资本。不过他马上就毕业了，这实属旅专人民的一大幸事；

他，要搞一场个人毕业典礼，还美其名曰：我大学背后的旅游梦。我只能以一句话来表达个人愚见：那定是一场庄严的滑稽，深不可测的浅薄，一本正经的扯淡。还有比这更操蛋的事情吗？

他，是一个勇敢的逐梦者，执着的践行人，身上有一种成就伟大事业的胆识和风范。河南人中能有如此“尤物”本也算一件值得骄傲的事情；

他，强迫过别人也强迫过自己，断章取义过别人却从不断章取义自己；

他，仿佛一座城池，坚不可摧，却让人横生征服他的欲望；

他的名字,就是那让人听了三年都依然感觉很狗血的三个字：黎—强—宾！”

大学专科三年，我玩美了，也学够了。就像孝楠说的那样，我用三年时间盖了一座城池，一座坚不可摧的城池。全国巡讲时，学弟学妹问的最多一个问题就是：如何平衡社团与学习？我说：“鱼，我所欲也；熊掌，亦我所欲也。既然不可同时兼得，那我就上顿吃鱼，下顿吃熊掌，下顿再吃鱼，下下顿再吃熊掌……”然后他们就笑了。

其实方法很简单：时间错位。我用周一至周五的时间学习，周六、周天用来忙社团的事情，也就是玩。但是玩的过程中也能学到其他东西，往往那些东西反而更重要。考试前三周属于特殊时段，我的处理方式是：分权代理——将社团所有事情交待给副社长来打理，自己专注复习考试。所以，根本没有什么分身术，有的就是合理的时间管理。对我来说，就是八个字：时间错位，分权代理。

是人都有惰性，我也不例外。怎么办呢？组团学习。为了获取通过率仅为30%的导游证，我成立了9人学习小组，自命组长。每天晚上我们通过轮流讲课、相互提问、卡时间做真题等办法，提高了学习效率，啃下《导游实务》《导游法律与法规》《导游基础》《广西概况》，最终我们7人通过了导考，创了旅专新高。最后说一下我的“三堕原理”：一个人一旦有了懒惰，就会滋生惰性，有了惰性就极易变得堕落，从懒惰到堕落只是一念之差（为了劳逸结合，我在学习的同时，成立了“风雨无阻”户外俱乐部，周末带学习小组的成员外出游玩探险）。

说了这么多，似乎有点装B的嫌疑。那我就再来说说那些光鲜酷炫的背后，如何苦逼的我。

原本高考报考志愿时已放弃了本科，但为了父母的请求，还有赵帅的君子之约，我不得不去考取桂林理工大学本科证。为了所谓的“本科证”，我也是拼了。考前的三周我都会处于一种持续高昂的战斗状态，在别人眼中就是个疯子。一大早我就准时站在自习室门口，开始抢位大战，直到晚上十点还不舍离去。等自习室上锁后，一个人偷偷打开台灯继续挑灯夜战，两三个小时候后，因电力不足，我又点起早已备好的蜡烛。早上被咔咔咔的开门声吵醒，睁眼一看我的课桌竟被烧了一个疤痕，我赶紧用书挡住，生怕被管理员发现。

每次在前往考场的公交上，脑海里总充斥着资本负债、回报率、利润率、财务报表等各种专业名词，一下车就和站牌来了个亲吻。

马不停蹄地跑上桂工教学楼，在楼梯的一角就开始复习重点，口里嘟囔着：马斯洛需求理论、赫兹伯格理论、晕轮效应……有时怕被打扰，就干脆蹲在厕所里默诵着各种理论，而厕所里的异味则变成了记忆催化剂，头脑里充斥着“赶快看书！马上就要考试了！”每次走进考场前，我好想把书撕了扔进垃圾桶，只为破釜沉舟不再考第二次！当走出考场那一刻，有种头晕目眩的感觉，有时差点晕倒在回校的路上。回到宿舍后，一头倒在床上睡了一天一夜。睁眼的那一刻，我看见了一米阳光，感觉终于迎来了美好的一天。天不负我，两年半的时间里我拿到了桂林理工大学的自考本科学位。大学期间我还通过蹭课学习先后考取了导游系的中文导游证、商务系的人力资源师证……毕业时共获得了八个证书，成了桂林旅专名副其实的学霸。

这就是一个学渣逆袭为学霸的真实过程，酷炫吗？我不觉得，也许有吧，那就是我最后收获的时刻。但“多的是，你不知道的事”，还有那些，晦涩的苦逼。

专科学校虽然缺乏高级人才，但它给学生提供了非常自由的空间。大学三年里，在桂林旅专我创建了“风雨无阻”户外俱乐部、将“河南老乡会”改建为“华豫之家”、同时担任曦苑文学社社长……因三奖并获，成为桂林旅专最具影响力的十大学生人物。

当我拿着奖章回到宿舍时，室友刘沙问道：如果再给你一次机会，桂林理工大学与桂林旅专，你会选择哪一个？我毫不犹豫地回道："桂林旅专！因为它给了我自由，而自由意味着一切！"

2012 年 6 月 7 日（高考三周年），我在全校举办了一场个人毕业典礼，主题为：《我的大学，背后的旅游梦》。我成为了旅专建校以来，第一个举办个人毕业典礼的学生。三天后的我背起行囊，搭上北京——西雅图的航班，开启了我的美国实习之路。

若想了解更多信息，请在优酷视频上搜索：小强环球之我的大学

# 第三章 小强环球

旅行是为了探索未知的自己，寻找人生的方向，
有一天你找到了，回到原点后，发现全世界都变了，
其实变的是你自己。

——行者小强

# 穷游中国 16 省

高中时，我就给自己定下了一个“旅行三步曲”：走出河南，走遍中国，走向世界。

不知不觉中，我已经完成了前两步，如今正在走第三步。今天就来说说我旅行的第二步——走遍中国。

拿出一张中国地图，我可以很自豪地画出一个个点，然后再把它们连成一条条线，每个点代表一个故事，每条线代表一条轨迹。

我选择的方式是穷游。一方面可以省钱，另一方面可以让我感受到旅途中最真实的东西。这对我来说很重要。

穷游中国 16 省，按照时间划分，大致可以分为两个阶段：大学期间、毕业以后。

故事太多，先说两个。

## （一）五台山化缘记

走过了天南海北，五台山是我最穷困潦倒的一次。

2012 年的冬天，我一路北上，途经山西。我想去看看五台山、平遥古镇、北岳恒山，感受那里的风土人情。但当时我的身上只剩下 200 元了。

来说说我坐车到五台山景区之后的事情吧。

冬天，天黑的比较早。下车之后就开始找住的地方。

天呐！转了一圈之后，我感受到了来自景区住宿的深深恶意：起步都是 200 元，基本上没有 200 元以下。

我就要露宿街头了。经费不足，让我不得不放弃住旅店的想法。

无奈的我来到寺庙门口，敲了半天的门，终于开了。

“恁是弄啥滴？”

此时我想起了唐僧，随口一说。

“你好，我想在这里借宿一晚，不知施主可否行个方便？”

“你有居士证么？”

“啥是居士证？”

“滚滚滚……”

“哎～师傅别关门啊，我乃少林寺俗家弟子……我靠。”

就这样，我还没进门就被人家赶出来了。（居士证指的是皈依佛门的俗家弟子所持的身份证明）

没走几步，我又来到另一处寺庙门口，想再碰碰运气。

咚咚咚！咚咚咚！……不一会，从门缝里探出个头。是个小沙弥。

“施主你好，请问有何贵干？”

“你好，我想在这里借宿一晚，不知可否？”

只见小沙弥一下子涨红了脸，“不好意思，我们这里是尼姑庵，不接待男施主，还请施主自重。”

……

黑灯瞎火的，寺庙和尼姑庵谁能分得清？！

尴尬加羞愧的我，继续往村子里面走，想看看有没有农宿。结果我一走进巷子口，到处都是“汪汪汪”的声音，吓得我连门都不敢靠近，这里每家每户都拴着一条大狼狗。

转头来到一个类似小卖部的门面房，正好出来一位阿姨，于是我跟她说了我想要住宿的想法，想要碰碰运气。阿姨说她们家不是经营这个的，不过有个屋子倒是空着，可以让我住一晚，不过有点脏乱。我说没关系。

当即喜出望外，觉得是上天眷顾，和阿姨把价格从 70 磨到 50。

来到这间小屋里，果然不是经常住人的，很脏很乱，还有杂草，不过我也很满意了，至少没有冻死在外面。

到了饭点，阿姨的儿子（杨大哥）也回来了。于是大家一起聊天。而此时，阿姨的小孙女正在炕上看书。为了博得主人的好感，我便和小女孩搭话。

她正在看一本书，于是我就问她："小姑娘，学过英语没？"

她很感兴趣，于是我就教她学了几个简单的英文单词，Daddy、Mummy之类的。

杨大哥对我的表现很感兴趣，我就和他聊了下自己的经历，分享了我去美国的际遇，如何学的英语等。聊完之后，他们便对我这个其貌不扬的小男孩充满了好感，过了一会还让嫂子专门给我做了正宗的山西刀削面。这个劲道，是我吃过最好吃的刀削面，没有之一！山西不愧是以面食著称。

杨大哥问我："快过年了怎么不回家呢？"

我说："我是刚毕业的大学生，想出来走走，看看外面的世界，这次来这里是想看看五台山的。明天计划在这里待一天，之后继续去北岳恒山。"

杨大哥急忙告诉我，现在冬天下雪，恒山景区都关门了，而且路程十分危险，叫我一个人不要冒险。后来又劝说我好半天，感动之余我答应他们不会冒险，只是想去看看而已，如果景区不让进，我就远观下就好。这才让杨大哥一家人放了心。

第二天一大早我出发，嫂子给我做了早饭，还特意给我蒸了大枣馒头，装了好几个，生怕我饿着，嘱咐再嘱咐。临走时，杨大哥还把那50元住宿费退给了我，说我路上用的着。当时我就感动的不行。没想到会遇到这样的好人，我把我的联系方式留给了杨大哥，方便以后联系，也好有机会还这个难得的人情。

也是在这一刻，我不由自主地在纸条上签下了“行者小强”这个落款，也终于觉得走了这么多地方，我也配的上这个称呼了。从这开始，我的笔名就正式成了“行者小强”，我也开始一步步去践行这个名字。

## （二）雅思·搭车之旅

离长沙雅思考试还有两周，我网上预定了从桂林到长沙的火车票，但我突然有了搭顺风车的想法，便写了从桂林理工搭车到长沙传媒学院的计划，以下是操作的实情。

川县的高速路口，车辆来往很多，但多数车不会因我举着搭车的牌子而停下。在雨中等了 30 多分钟后，终于有一位开跑车的广东美女停了下来。

一开口就问：“靓仔，你在干什么？”当我给她看了求搭车的牌子后，美女司机就一脚油门，绝尘而去，不留下一片云彩。好尴尬呀！话说你这是逗我玩呢，还是怕我是坏人？

第 2 辆搭我的是去全州的商务车，我说：“我是刚毕业的大学生，这是我的毕业证。我想一路搭免费的车去长沙考雅思，司机师傅，能搭我一程吗？”

司机师傅说："我先看一下你的毕业证书吧，你是穷游的背包客吗？"

我说："是的！"

司机师傅说："你上来吧，我们到全州，你到全州再搭别人的车吧！"

我这个开心啊！

在全州县下车后，我去了G322国道边上的加油站，计划走国道好搭车，不在高速上搭车。

在附近货车停靠的餐馆里，我大声对所有司机师傅说了用意，无人搭理我。我只好又一个一个和他们交谈，最终无效！

有人说："天下没有白吃的午餐，你太嫩了。"

有人说："我想搭你，可惜人满了。"

也有人说："附近有火车站，你坐火车去吧，别在这里浪费时间了。火车才100多元，挺便宜的！"

我只好又离开餐馆，走到马路边去打车。此时雨下的很大，很多车都不停，停下来的车几乎全是收费的。

有一辆车停了，说："我们去火车站，免费搭你，你去吗？"

我摇摇头，说了声谢谢和再见！

另一辆车（第3辆）停了，说明情况后终于肯搭我了！他们是陕西的车，刚去桂林旅游完，一路开车北上去西安，正好经过长沙。

上车后，我说："我在这里已经等两个多小时了，没人愿意搭我。"

他们说："下这么大的雨，我看你都淋湿了，以为你搭一小段就回家了，没想到你搭车去长沙。我们两个都是有同情心的人。"

我说："看来我今天走运了，遇到好人了！"

在车上，我和他们聊了我骑行去西藏、在美国实习、走三山五岳的故事，他们甚是开心。他们夫妻俩也聊了自己白手起家做生意的故事！

好人，一生平安！

这次搭车经历让我也总结了以下几点建议：

1. 脸皮一定要厚，要大声告诉他们你的想法，准备好你的措辞。

2. 一定要注意个人形象，不要染发和烫发，要彰显你的青春活力。

3. 要准备好相关证件证明你的身份。

4. 搭车的地点可选在高速路口前的缓冲带、加油站、必经路口吃饭的餐馆等。

5. 准备好搭车的牌子，上面写着：求搭车、背包客、驴友等字眼。

搭顺风车最考验的是一个人的心态，在你最绝望的时候又有了希望，在你满怀信心时突然又在你头上泼了一盆冷水。但我们也不能采用道德绑架的形式去思考别人，正如一句话说的：别人帮你是情分，不帮你是本分。

行走无止境，故事就到这里吧。

穷游不是占便宜和装可怜的代名词，更不是对无可奈何的一种委曲求全。穷游是一种态度，它源于对生活的热爱。走遍中国，你也可以！

新西兰一路搭车南下

# 毕业旅行在美国

我通过参与 WAT 项目，拿到了美国的交流访问者签证。WAT 的对象是国际大学生，通常要提前 3 个月申请签证，学生要通过中介拿工作函，学校做担保，才可以顺利拿到签证。持此签证能在美国工作 4 个月，旅游一个月，共计 5 个月，这个时间一般是安排在暑假前后。

2012 年 6 月 7 号，举办完个人毕业典礼后的第三天，我坐上了北京—西雅图的航班，转机抵达芝加哥，之后乘坐灰狗巴士到达了美国的乡村音乐之都——布兰森，从此开启了我在布兰森 4 个多月的美国之旅！

下面就来说说这四个多月里发生的故事。

## （一）喵大爷

83 岁的美国干妈 Doris 家里养了只猫，我叫它喵大爷。

有一天，我正在干妈家里看功夫片，突然外面一声惊雷，吓得喵大爷噌的一下从屋子里蹿了出去，然后外面就开始吧嗒吧嗒地下起雨来。

一看下雨了，干妈二话不说就追了出去，抓猫，怕猫淋雨。别说，83 岁的老太太，腿脚还挺利索。

我怕老太太淋雨，就随口说了句："No worries. It's just a cat. Leave it alone. The cat will come back by itself. The cat run so fast, you can't catch it.（不就是只猫吗？你不用管，它自己会回来的。再说它跑得那么快，你也抓不到的。）"

谁承想，老太太一听不乐意了，直接就来了句："It's my baby, I can't leave him outside. If you like, I can put you outside to enjoy raining!（他是我的孩子，我怎么能把他丢在外面淋雨呢？如果你愿意，你可以出去淋雨啊。）"

得，我拗不过，帮着抓呗。费了我九牛二虎之力终于给抓到了。

回屋后，干妈问我："What kind of pat do you feed in your house?（你家有养什么宠物吗？）"

我说："Dog.（我家养狗。）"

干妈："For what?（养狗干啥？）"

我："For safety.（看门。）"

干妈："Does your daddy build a small house outside for your dog?（那你爸给狗在外面盖小房子吗？）"

我："Never.（从来没有。）"

干妈："It's so rude! I need to talk with your daddy.（这不是虐待宠物吗？！我要跟你老爸谈谈。）"

我："It's quite common in China. It's just a dog.（这在中国很正常啊，它只不过是一条狗而已。）"

干妈："No, your dad should be in jail, I will call 911!（不行，我要给 911 打电话，你老爸应该为此坐牢。）"

我："Nothing wrong with my daddy. You know nothing about China.（这不是我老爸的错。这在中国很正常好不好！）"

……

于是我和干妈的对话变成了争吵。最后干妈直接对我说："You get out of my house! Go away!（给我滚出去！你这个虐待宠物的家伙！）"说着就把门打开了，"Please, go!（请你出去！）"于是我就这样被赶出了门，因为一只猫。美国人说翻脸就翻脸。

喵大爷的！

过了两天，经过邻居 Nanette Flowers（公寓经理）的调解，我再一次来到了干妈的家里。

坐在沙发上，我和干妈相视无语，她显然还在生我的气。沉默了一会，我看了一眼猫。

干妈看我盯着猫，马上护犊子似的来了句："Don't touch my cat! It's my baby. I know you Chinese eat everything, but never include my cat!（休想碰我的小猫！我知道你们中国人什么都吃，但从不包括我的猫！）"

我也半开玩笑地回答："Your cat looks delicious, but I don't like to eat cat. I like snake.（你的小猫看起来倒是挺好吃的。可惜我不喜欢吃猫肉，我喜欢吃蛇肉。）"

……

最后，我给喵大爷道了歉。

你赢了，喵大爷！

## （二）"Fishing lady 最后还是自杀了"

Fishing lady 有名字，叫 Jennis，因为痴迷钓鱼，所以大家都叫她 Fishing lady。

Fishing lady 喜欢在各种地方钓鱼，无论是河边、海边，还是小鱼塘。虽然我和 Kevin（我的中国搭档）不太喜欢钓鱼，但为了增加交流和锻炼英语的机会，我们告诉 Fishing Lady 想和她一起去钓鱼。

结果第二天 Jennis 很早就来叫我们起床，还说，早上 5:30 是最佳钓鱼时间。自己 ask for 的，躺着也要去啊。于是我们一路上都处在半睡半醒的状态。

到了目的地，Kevin 在学习钓鱼，我困成狗，向 Jennis 申请在车上眯一会，直到被一声尖叫声惊醒，我下车一看，原来钓鱼小白 Kevin 的鱼竿在动，应该是有鱼上钩了，Jennis 在旁边帮他拉鱼线，一边说："Slow down, relax!"一边教我们如何收鱼网，如何等着鱼吃完鱼饵，把鱼钩咬死之后迅速拉线收鱼。一套动作一气呵成，我们的鱼钓成功了！看到筐里活蹦乱跳的鱼儿，我一下子不困了，不住称赞 Kevin 的战利品。

Jennis 告诉我们在美国一天只能钓 5 条鱼，不过他的经验丰富，经常在这钓了 5 条鱼之后就前往另外一条河继续钓，还说这是个秘密，让我们不要告诉别人，因为美国的处罚很严重。

钓完鱼后，我们就来到 Jennis 的家里开始切鱼。往往由于钓的太多，自己吃不完，我就会把切好的鱼片送给邻居们，当做一个顺水人情。

有一次，我们正在吃鱼，Jennis 突然拿出一打啤酒说："有肉怎么能没有酒呢？"

这时她的丈夫脸色一下子变了，说："不是跟你说了吗？不能喝酒。我是认真的，你不能喝酒！"

Jennis 马上回到："我喝点小酒怎么了？今天不是高兴嘛！"

……

之后他们就吵起来了。

不明所以的我们直到半个月后才被惊醒：警察来了，因为Jennis酗酒过度后企图割腕自杀，被邻居发现报警了。还好发现及时，有惊无险。

我和干妈在一次吃饭聊天时才得知：Jennis刚搬到这个公寓时就喜欢钓鱼，但并非一直游手好闲，之前找过一份超市收银员的工作，后来龙卷风把超市给毁了，于是她的工作也丢了。后来就不找工作了，每天就是钓鱼、做饭、喝酒。

后来我又去找过Jennis，和她一起去沃尔玛超市买菜，因为看到超市的购物车上印有奥巴马竞选的广告，Jennis就开始跟我说，她不喜欢奥巴马。我问她："Because he is black man?（因为奥巴马是黑人吗）？"她说："I don't care about black or white, I only care about my benefit.（我才不在乎黑人还是白人，我只在乎我的利益。）"

回到她家后，她给我看了一张照片，那是她家以前的别墅和大农场。现在没有了，因为奥巴马的政策让她的家破产了，所以她恨他。

2008年的金融危机，确实让美国的中产阶级遭受了很大的冲击，而Jennis一家也成了众多牺牲品中的一个，农场被迫抵押，别墅被迫拍卖，之后搬家来到这里的公寓。

有一次我偶然去了Jennis的邻居家，发现Jennis在打扫卫生，就问她："你怎么在这里？"邻居告诉我，是她给Jennis提供的工作，每天来她家打扫卫生两个小时，给她20刀的工资。

这个邻居就是当时报警的那个，她怕Jennis又想不开，于是就给她提供了这个工作，其实是变相地帮助Jennis，一方面给她工作，另一方面也能看着她，以防她又做出什么傻事。她家本不需要雇人打扫卫生。

回国半年后，得知Jennis最终还是自杀了。

Jennis其实并不缺钱，她的3个儿子也都已经成家立业。如果这在中国，应该是一个比较完满的家庭，并没有太多的操心。可是这是美国，有些东西我们无法用另一种文化背景去思考和判断。失业了，有福利保障，再不行还有家人的照顾。如果单纯拿物质水平来说，Jennis的生活可以说是衣食无忧。但如果是精神方面的空虚和孤独呢？我不懂。

我和Kevin最后的观点就是四个字：“无病呻吟”。

## （三）希尔顿酒店工作的日常

我在希尔顿酒店工作了4个月，做的是客房服务工作，总共赚到了39000多元。每周工作5天，每天工作6个小时，包含上午茶和下午茶时间各15分钟。工作一个小时7.5美金，还不包括小费。上午茶和下午茶时间时，即使你手头有再多的活没干完，你也要停下来休息，因为这是你的权利，而且休息时间是计入工时的。

一开始我英语不好，每次早晨例会时我都听不懂。讲完后，主管问我：“Hey, Bruce, did you get it?”我既不敢点头，也不敢摇头，只能沉默。因为我如果点头，主管就会让我说他刚说到的点，如果我摇头，又会被别人嘲笑。所以只好沉默。

打扫客房时，我们一般会被分为两到三人一组。第一个月，因为经验不足，主管会让一个老员工带着我。一个月后，我就开始按着先里后外、先上后下的原则独立打扫客房。但有时候就会被主管逮到检查，然后就会被批评："咱们可是五星级酒店，不是一般的旅舍！既然客人选择了在我们这里住，那就应该享受到五星级的客服服务。你瞧瞧窗台上的灰，你用手摸一摸！再看看茶杯，上面还有你的指纹呢！还有垃圾桶……"每当这个时候，我就会超级尴尬。

来说说一次更加尴尬的经历。有一次，我和一位哈萨克斯坦小姑娘一组进行客房打扫。我先说："Good morning! House keeping~" 接着敲了一次门，没人应。于是我又敲了两遍，还是没人应。我以为没人，就直接推开了门。结果眼前的一张床上躺着两个年轻的裸男，而且两个人都是帅到掉渣那种帅哥。我竟然一下子没反应过来，也没意识到是什么情况，这时哈萨克小姑娘赶紧一把拉住我，然后不停地说："Sorry, sorry……"边说边往后退，然后关上了门。我这才意识到，原来他们是同性恋。然后，我才开始在心里对自己说："完了完了完了，我的工作要丢了。"忐忑了两天，主管也没来找我，我才松了一口气。最终相安无事。

关于小费这个事很神奇。因为这在美国很普遍，甚至成了一种"小费文化"。对于我们客房服务的工作来说，客人一般都会把小费放在床上，我们收拾的时候顺便拿走，一般是少则三四刀，多则十来刀，一天下来，一般能挣到 20 来刀。所以客房小费也是一笔不小的收入哦。

加班也有加班费，一般是 1.5 倍工资，但完全采取自愿。很多中国员工都会选择加班，但每次主管问我是否要加班时，我都会选择不加班，因为我想在下班后有更多时间去接触当地人。由于希尔顿酒店的管理还是比较人性化的，所以整体工作起来还是蛮开心的。

美国的物价比较低，工作 1 个小时可以吃一顿麦当劳和肯德基，工作 3 个小时可以买 1 双耐克鞋，工作一周可以买一个尼康卡片机，这就是我在美国的亲身体会。

## （四）下班后的美国生活

一开始我住在美国的汽车旅馆，一个月房费 350 美金，里面有空调、微波炉、冰箱、电视、厕所和淋浴，还有一个大衣柜和吃饭用的桌子。后来认识了美国干妈之后，就经常住在干妈家里。

搬到干妈 Doris 家里后，认识了公寓经理一家。公寓经理叫做 Nanette Flowers，很美的名字。她们一家的日常生活也是我下班后的日常。来说一两件。

有一次周末，Nanette Flowers 问我："小强，要不要跟我们一起去看球赛？"我说："在哪？"她说："开车大概两个半小时吧。"我说："太远了，我就不去了。"

后来看到她们一家人为了看球赛，竟然穿了不同的队服。我好奇，就问：“为什么看球赛还要穿队服？为什么你们穿的是不一样的队服？”结果 Nanette Flowers 夫妻和她的儿子都开始说他们支持的队多厉害，然后她们问我：“小强，你支持哪个队？”我说我不知道。接下来他们就不停地拉我支持他们各自的队。最后还是盛情难却，就跟着一起去了，反正就当练习英语了。

比赛开始前，有一个环节是集体默哀三分钟，为 9·11 恐怖袭击的遇难者。这时的安静与其他时候的欢闹形成了鲜明的对比。

中场时，我说我肚子饿了，于是我们就出去买热狗吃。他们说看球赛就要吃热狗，这是绝配。然后我告诉他们，下雨天和巧克力更配。他们问我为什么。我说没有为什么。然后我们一起会心大笑。不过他们的热狗好大个，因为不是一般的长面包夹烤肠，而是大大的汉堡夹烤肠。我吃了一个就腻了，他们却吃得不亦乐乎，吃了一个又一个。怪不得美国人胖子那么多。

我因为不懂比赛规则，就像狗看星星一片明，跟着瞎乐呵。然而，我最开心的时候，就是中场小游戏环节，因为有好多奖品可以抢。赛场中央，拉拉队员们拉着一个大大的类似弹弓一样的装置，然后把名种奖品往坐席弹射，主要是队服和棒球，有些还是签名版哦。结果幸运的我就抢到了一个签名版棒球。

Nanette Flowers 的家族都是神枪手，她的爷爷曾经是国家射击队的。她的小儿子不爱看书，最后通过射击特招进了大学。于是有一次，Nanette Flowers 一家人带我去玩射击，这是我第一次体验真枪射击，没想到枪还是挺沉的，好不容易举起来，却怎么都打不中，好不容易打中了一次，结果忘了关弹夹仓，弹壳弹出来撞到了 Nanette Flowers 的儿子（也是我的射击教练），还好没受伤。而她的丈夫和小儿子都是百发百中。后来我问到他们关于枪支的问题："为什么美国人可以持枪？"他们说："因为枪代表了自由的权力，如果政府昏庸无能，民众就可以拿起枪来干掉政府。"后来，他们又带我去了枪支买卖市场，没想到整个市场就像菜市场一样，有的人直接摆摊卖枪。我也是醉了。后来得知，连买枪的数量都没有限制，我心里想，是不是只要你有钱，就可以组建一支军队？

又有一次，我们一起去户外进行一周的野外露营。期间我们一起玩跳水。结果我一直不敢跳，他们就在下面不停大喊："Bruce, Bruce, China, China……jump, jump!"他们说我是中国人，还叫李小龙的名字，却不会功夫，连跳水都不敢，太丢人。于是我为了不给中国人丢脸，一怒之下，我让她儿子把我推了下去。还好我穿了救生衣，不一会就从水底浮了上来。后来发现其实也没那么可怕。只不过要注意的是，跳的时候如果是腿先入水，水压会撞得蛋疼，所以，还是帅一点吧，头先进去。

露营时，下雨了。为了生火，搭起了棚子，但是他们坚持用火石打火，我说："为什么不用打火机？"他们说："既然出来野营，就不能用现代的工具。"最终火终于算是打着了。

我们所在的布兰森是美国乡村音乐之都，怎么能少了乡村音乐会呢？当地的居民可算是捡着了便宜，经常会收到免费的门票。

于是，我也跟着凑热闹。结果，他们都听得特别嗨，我又听不懂，只能边跟着打节拍边跟着瞎乐呵。泡吧也是这样，经常一大堆人聊天，说着说着就开始大笑，只剩下我一个人一脸懵逼、二脸懵逼、离散懵逼、聚合懵逼，总之各种懵逼。虽然我在美国，热闹还是他们的，我什么也没有。美国人的笑点我真 Get 不到啊。

总之，我在工作之余，尝试了各种在中国没有尝试的东西，比如冲浪、跳水、射击、打高尔夫、听乡村音乐会、看哑剧和模仿秀……我在美国的生活可以用“梦幻”来形容，在中国没有尝试的东西，在这里可以尽情“享用”，因为这些在美国很平民化，价格不高，消费得起。

## （五）被收养的小强

有一天，干妈Doris突然跟我说：“小强，跟你相处了几个月了，感觉你人还不错，我有个特别的想法。”

我说：“你说吧。”

干妈：“你也知道，我的三个孩子经常忙着相互吵架，也没人理我，我呢，现在年龄也大了，有时候行动不方便，也经常一个人，比较孤独。所以需要人照顾。我想收养你，让你来照顾我。我可以资助你读密苏里州州立大学的研究生。当然了，以后我的遗产也会有你的一份。正好你今年23岁，还没到25，美国法律也符合收养条件。你可以先考虑几天，当然也要征求你的父母的同意。你看怎么样？”

我一下子懵了。想了一会，还是拿不定主意。后来就给老爸打了电话。

老爸：“什么？收养？！你这不是胡闹吗？你又不是孤儿。再说了，我跟你妈还没死呢！”

老爸：“等会，她说还资助你读研究生？还要给你遗产？那这跟咱农村的买卖婚姻有啥区别？！都是一个性质嘛！”

老爸：“哎，你自己决定吧。我们不管了。”

后来我考虑再三，还是决定委婉地拒绝。因为我还有环球旅行的梦想没有实现。我不想在美国耗费了我的青春。

后来我让老爸和干妈直接通了一次电话，我当翻译。

老爸：“老太太，谢谢你照顾小强啊。他没给你添麻烦吧？”

干妈：“没有没有。小强是个好孩子，还经常给我们做中国菜呢，特别好吃。”

老爸：“啊？是吗？他哪会做饭啊？在家从来没见做过。”

我：“我在这边自学的。一个是为了省钱自己做饭吃，二个也是为了跟老外搞好关系，练习英语。”

老爸：“你跟老太太已经说了你的决定了吧？”

我：“说了。我还是选择回国。”

老爸：“那就行。我也就不说这事了。你再替我感谢感谢人家啊！”

……

一年后，当我在新西兰打工旅行时，收到 Nanette Flowers 来信，得知干妈 Doris 已经住进了护士之家，处于昏迷状态，将不久于人世。而她的子女们正在忙着争夺家产。

美国有它值得学习的一面，也有不好的一面。美国的很多老头老太太到晚年时孤独余生，他们的子女整天忙于工作，无暇顾及父母，也许只有在圣诞节时才能团聚。父母通常和子女是分居的，但到老年时，做子女的也不知道体谅一下他们，常回家看看，真是养儿不防老。

四个多月的美国之旅很快结束了，谈到收获，除了赚了将近 4 万块钱，也有了很多的感悟，下面就来简单说说吧。

感悟之一：大部分美国人都有属于自己的信仰，不仅仅是耶稣。他们从不避讳谈我的最爱是什么，我的梦想是什么，我想干什么。他们都有自己的精神追求，也不乏良好的精神状态。除了职业规划，你有属于自己的精神规划吗？你有自己的信仰吗？这些问题值得我们每个人深思。

感悟之二：我很喜欢美国这片自由和民主的土壤，尤其是他们的监督机制。为什么在中国用不了 Facebook？没有这个国际化的交流工具，怎样才能走向世界？你如果有一天 QQ 被禁止了，你会怎么办？我的电饭锅坏了，拿到沃尔玛超市的时候，服务员看都没看我的电饭锅，直接说："你是要钱，还是换新的？"没去之前，还以为要和他争执一番，结果出乎我的意料。当你的权益受到损害时，要勇敢拿起武器反抗，有专门的协会、工会、部门可以申诉，还是蛮奏效的！在国内，对于一个穷人来说，这是天方夜谭，找人办事时，他们会说："你有钱吗？你有关系吗？没有就别瞎折腾了。"

感悟之三：这个世界没有对错之分，也没有绝对的真理可言，我们要用自己的双脚行走这个世界，用自己的双手触摸这个世界，用自己的双耳倾听这个世界，要慢慢建立属于自己的思想体系，属于自己的人生观。赶紧旅行吧，以我们真实的眼光看待这个世界，看待中国，看待自己！

万圣节派对

若想了解更多信息，请在优酷视频上搜索：小强环球之毕业旅行在美国

# 颠沛流离的英语扫盲之路

这厮胆也忒大了！CET4都没过，就敢跑去美国！欸？话说他怎么去的呀？

都说流氓不可怕，就怕流氓有文化！要我说，还有一句：傻子不可怕，就怕傻子胆子大！

啥？布兰森？！这可是美国乡村音乐之都啊！咱朝拜的地儿啊！这货奔那去了？！他懂音乐吗他？

有本事你丫也去啊！

……

（未来某天，北京，新片发布会）

此时哑巴英语的我，一路上跌跌撞撞，怎么就出现在了美国的布兰森？

真是见鬼！这是哪？汽车旅馆。对对对对对，我在美国。袜子？纸条。

“嘿，Kevin。醒醒！现在几点了？是不是该上班了？”

“赶紧对对表。我这好像还是中国时间。这是哪个州？密苏什么来着？”

……

“How old are you?”

“Fine. Thank you, and you?”欸，不对。还好没说出来。

“23.”

“How many people in your family?”

我伸出手开始小声数，“1，2，3，4，5。”然后把手掌给他看。

“OK，what's your major in College?”

“Tourism Management.”

“Well, Congratulations! You pass!”

这么简单！害我背了一星期的“面试必备 50 道题”。

果然说的少，错的就少。其实我还是挺忐忑的，毕竟咱是真的不会说英语。还好还好，天佑小强。

这第一步算是成功了。顺利拿到希尔顿酒店的工作函。不过话说这希尔顿酒店的人力经理还蛮和蔼可亲的嘛。为了这次小小的面试，还亲自跑一趟广州，亲力亲为，敬业精神值得学习。美国人是不是都这么可爱啊？行了，不想了，赶紧准备下一步的领事馆面签吧。这个坎儿可不好过。

一共六个窗口，我排了将近一个多小时的队，看到马上就要面试我的主考官是一个华裔老太太，表情严肃，令人生畏，我预感到她可能会拒签我，赶忙找了一个肚子疼的理由离开了队伍，从厕所出来重新排队，换到了一个30岁左右的白人美女的窗口。

我和站在我后面的女生小声聊着，猜测一会儿可能会问到什么问题。

终于轮到我了，主考官面带微笑的问我：

“What will you do in America?”

“I’m a student. I will have a internship time in Hilton hotel for 4 months.”

“What is your favorite movie?”

Movie？什么是Movie？我脑袋里面居然空白了，想不起来这个单词是什么意思。

正当我内心犹如热锅上的蚂蚁一般焦急的时候，我身后的小女孩悄声地告诉我：“电影，最喜欢的电影。”我立马反应过来，说了一声：

“泰坦尼克。”

对，我的发音居然是中式的。

“Pardon?”考官一脸懵逼，听不懂我说的是什么。

“What?”我竟然也懵了，什么是pardon？此时我的内心：

迷之尴尬。

“Excuse me?”考官估计对我也是无奈了，又换了种说法问我。

这次我听懂了。于是我又重复了一遍中文式发音的“泰坦尼克”。

她应该还是没听懂，于是耸了下肩膀继续提问：

“What’s it about?”

“It’s a loving story. The end of it is that the boy is dead, the girl is alive. It’s over, thank you!”

“Okay! Pass!”

“Thank you very much!”我兴奋地语无伦次！

我故意表现地很自信、很萌新，并且特意理了短发，背了个小书包，打扮成学生的模样来掩盖内心的无限紧张。

盖完章，主考官又问了一句：

“Is she your girlfriend behind you?”

“No, just friend!”

顺利通关之后舌头也跟着利索起来，看着美女主考官盖章的那一瞬间，我知道美国离我不远了。

第一次坐飞机就是国际长途。机票是北京到芝加哥的，中间需要在西雅图转机。这一路真叫一个坎坷。

北京 - 西雅图，首都航空，10 个小时。起飞时耳朵疼得厉害，过程倒是蛮兴奋的。不过落地之后的转机让我特别崩溃。因为要换美国航空公司，所以得换机票。

西雅图机场，两个傻子一样的男孩，操着一口屎一样的英语，在一个纯英语环境中艰难地“徜徉”着。真是书到用时方恨少，钱到月底不够花呀！

我和同行的 Kevin 用尽了各种 Body language 都无法让别人理解我们的意思，还以为我们是行为艺术家呢。啊呸，出发前学了那么多肢体语言到这根本就没个卵用。仅仅是为了换一张从西雅图到芝加哥的机票而已。谁说北京遇上西雅图会有故事发生，到我们这里明明就是事故现场嘛！

辗转问了很多人，都听不懂我要说的，同样，我也听不懂对方说的，我俩就像哑巴聋子一样，孤零零地在西雅图诺大的机场上无依无靠。

好在后来遇见了一个华人，在他的帮助下，我们成功换了机票，真是谢天谢地。什么叫“他乡遇故知”？这就是亲人！

“You need to get to Terminal 2.”

啥是 terminal？问了半天才知道原来是航站楼的意思。于是，这个单词就成了我美国之旅学到的第一个单词。

到达芝加哥已经是凌晨 12:30 了（当地时间），10 个小时的飞行加 3 个小时的转机，再加 3 个小时的飞行，疲惫不堪的我们直接倒在了机场的长椅上，一觉醒来，已经天亮了。

落地芝加哥的头一天早上，用蹩脚的英语跟人家打听了半天，要去布兰森，得搭灰狗巴士。于是，早上 7 点多，我们乘坐轻轨来到了灰狗巴士站。

到了灰狗巴士站，问了一圈得知，去 Branson 需要 8 个小时的车程。但是我们不会买票！语言不通实在是没办法，最后只好给雇主打电话。在雇主的帮助下我们买了两张车票，发车时间是晚上 8 点。得，时间还早，再补个觉吧。于是俩人趴在巴士车站的大椅子上睡到大中午。

醒来一看天色还早，我便拉着 Kevin 去了附近的芝加哥大学逛，想看看美国的学府是什么样子。后来又鼓足勇气去了芝加哥黑人区，虽然大家都极力反对。去了发现果然治安很乱，遇见了一个黑人问我要钱，我没给，黑人骂了我一句还准备用脚踹我，好在我跑得快，躲开了。哎，我果然是一只胆子大的傻子。

逛到傍晚，我俩回到车站候车，看见黑人理直气壮地问一家热狗店老板要吃的，理由很简单："I am hungry！"

我的天呐！这样都可以。怪不得现在美国一些白人都开始抗议"歧视白人"了。身为在美国的黄种人，让我情何以堪啊，你们这样互相歧视，真的好吗？

晃悠晃悠 8 个小时，一觉醒来就到了目的地。如释重负的感觉让我有点虚脱，眼睛布满血丝。第一晚我俩住在接待的酒店里面，倒头就睡了一天。

醒来之后，我们面临的最大问题就是：张不开嘴，听不懂话。简直就是"张嘴哑巴翘耳聋"。这种抓耳挠腮的无助感让我发誓一定要学好英语！真真儿是为了生存啊！

来到布兰森的第二天，在街上晃悠，一向巧舌如簧、胆大心细的我陷入了迷茫与失落中。

这可如何是好呢？话不会说，啥事都办不了。就在这时，我看见不远处有个高立的十字架。

这时让我想起了电影里的情节，一般主人公处于最低谷时都会出现一个教堂，随后的电影情节基本都是随着教堂的出现，情况也开始出现好转。虽然自己之前没有去过教堂，但是知道神父和修女都是乐善好施的人，他们愿意传福音救助迷茫的人，于是我怀着被救赎的心情步行前往那个教堂。

教堂门口立着一个牌子，写着“Our Lady of the Lake”，是教堂的名字。走进去碰见了修女，认识了神父。

第一次进教堂，我很小心翼翼，生怕触碰到了信仰的禁忌。那个时候我连教堂的英文都不知道是什么，和修女的沟通也是各种困难加啼笑皆非。修女给了我一本英文圣经，我看着封面的英文单词，问她这是什么意思。她说：“This is bible. It has two parts, the Old Testament and the New Testament.”于是，Bible就成了我在美国学到的第二个单词。

修女姐姐跟我讲亚当和夏娃的故事，我也听不懂。后来讲到最后的晚餐，我兴奋地说：“I know this! Last meal.”

后来修女姐姐知道了我英语的难处，就告诉我，她会帮我补习英文。我也知道，如果不会英文的话，她讲的耶稣圣经的故事犹如对牛弹琴，毫无作用。

“When do you have time?”

“I am free after 2:30pm every day.”

“Okay. Let’s meet here at 3:00pm tomorrow. I will teach you English.”

“Thank you.”

补习是从小学课本开始的，我记得太清楚了，第一个单词是 tomato，修女告诉我这个单词有两个发音。从西红柿开始，每天两个小时的学习。就这样，我们一直坚持了四个月。学到了很多关于信仰的单词，比如 Catholic, gospel 等。

我最喜欢的是周末，因为会有很多人来教堂做礼拜，可以见到各式各样的老外，和他们交流。这是一个练习英语的绝佳机会。

为了尝试不同的情景式英语，我和搭档 Kevin 也想了很多其他的招，比如，给老外做中国菜。这要从如何认识我的干妈 Doris 说起。

由于我们一开始住的接待酒店租金太贵，为了节约开支，我和 Kevin 就准备重新找个租金相对便宜的房子。我们沿着街道找了两个多小时也没有看到合适的房源，不是太贵就是条件很 Low，寻找无果的我们蹲在马路牙子上叹气。

这时，一个慈祥的老奶奶在对面的花园里浇花，看到我们落魄的样子，就面带微笑，充满善意地上前询问：

“Hi, what can I do for you, my boys?”

听完这句话之后，我当时的第一感觉是：“哇，好有贵族气，也好有亲和力的一位老奶奶。”让人不由自主就想敞开心扉。

“Hi, my name is Bruce. This is my friend Kevin. We are from China.”

“Welcome to America!”

“We want to rent house. But we looked around for a long time, all too expensive or not good.”

老太太得知我们要租房子，便放下花洒，对我们招手。

“Come! honey.”

于是我们犹豫地跟着她来到车库。看到她打开车门，让我们坐进去。我和 Kevin 有点不知所措。看到我们踟蹰不前，她便带着温暖的笑意对我们说：

“No worries. Come, my sons. Get in the car. I will find a good house for you.”

于是，老奶奶便开着车，带着我们一起去找住的地方。两个小时之后我们找到了一个汽车旅馆，一个月的租金才 360 刀，在当时已经算很便宜的了，于是我和 Kevin 立马定了这里。正好这个旅馆也离她的家不远。我看到她和旅店的老板讲完价格后，接着对老板说：

“They are my sons. I have lived here for 15 years. I go to Our Lady of The Lake. If these two boys have any problems, I will call the Father of the church. And you will be in trouble.”

准备回去搬家时，老太太又问：

“How will you go back to move your house?”

“By taxi.”我说。

“Taxi is too expensive. Let me drive you. Get in the car!”

第二天下班回来，我发现我们晾在门口的袜子里留着一张字条，上面是老太太的留言，问我们在这里住的感觉如何，还留下了她家的住址，让我们有空可以去找她。看完真是有种被这个世界温暖到的感觉。

第二天我们就去了老奶奶家看她，聊天中得知她叫 Doris，已经 84 岁高龄了，自己一个人生活，她住的地方是一栋老年公寓，因为这里住的都是老年人。

后来我们一起吃饭、看电视、聊天，这样的生活每天都会在我下午去完教堂之后重复着。Doris 很有耐心，愿意忍受我们蹩脚的英文和不地道的表达，这期间还认识了她的邻居 Nanette Flowers，46 岁的老年公寓女经理。由于 Doris 和 Nanette Flowers 对我们照顾有加，便认她们俩做了干妈。Nanette Flowers 还经常开车带我们出去玩，从此我们便开始了另一种生活，有射击、高尔夫、皮划艇、跳水，还有露营，出去玩的时候一路上播放乡村音乐，我们倒有一种西部牛仔的感觉。一个月的时间，我们差不多把整个老年公寓的住户都认识了个遍，因为都是老年人，平时有个换灯泡、收房租、倒垃圾的活我们也都乐意帮忙，加上他们热情，相处地很愉快。最关键的是英文水平提高很快！

下面就来讲讲我们通过一起做中国菜来学习英语的日常吧。

在我的提议下，我和 Kevin 决定给她们做中国菜吃。我刚一提出来要做中国菜，Nanette Flowers 便问：“Do you know hot-pot?”我不知道 hot-pot 是什么意思，Nanette Flowers 便说你平时可以在手机上下个谷歌翻译，就可以查单词了，这样就方便多了。说着她直接给了我一个她不用的二手手机作为礼物。然后我就在上面下载了有道词典，之后走到哪都可以随时查单词了，这可解决了我一个很大的交流难题，也对我学英语有了很大的帮助。

首先是买菜。我们一起去沃尔玛超市，我在手机上查我们需要买的菜的英文翻译，听了发音后，就跟她们重复一遍。比如要买葱、姜、蒜，我就说：“Scallion, please.”“Ginger, please.”“Garlic, please.”她们听到我们要买葱姜蒜，惊讶地说：“We never buy these things.”需要用超市的手推车，我就会先查这个单词怎么读，然后跟她们说：“I need a trolley.”这样，等到晚上睡觉前，我们就翻开有道词典的历史记录，再复习一遍当天查过的单词，等记住后，第二天再去有意地用记住的新单词来和她们交流聊天。另外，每天晚上我们也会打开电视放着 CNN，然后就这样一直开着，一直放到第二天早上，当做是灌耳音。

买完菜就该做饭了。结果到家后，我们发现她们的厨房没有炒锅和菜刀，她们说：“We only have pan.”而且刀子也只有那种细长的刀。Kevin 说没关系，还可以凑活着用。于是我们就开始大显身手了。开火、倒油、放配菜煸香。结果刚一放，把她们吓了一跳，接着油烟就起来了，然后家里的烟雾警报就响了。吓得她们俩赶紧往外跑，边跑边喊：“Bruce, come out! Come out! It's burning.”

我一听到警报响，再看到她们不停地喊，一开始还不知道怎么回事，也赶紧往出跑，边跑边问：“What’s wrong?”她们指着飘出来的油烟说：“Smog, smog!”我这时候才恍然大悟，于是对她们说：“It’s okay. No worries. Everything is in control. It’s the Chinese way to cook.”于是我们又进去关了警报，继续炒菜。Doris 说：“You will burn my house.” 我说：“Don’t worry. I’m a good cook, I will not burn your house.”

后来我们再炒菜时，她们还在旁边录像，边录边说：“Chinese cooking is so interesting, like chemical experiment.”录完像还发给她们的朋友们看。

我做了凉拌黄瓜和炒面，Kevin 做了西红柿炒鸡蛋和青椒肉丝，因为没有电饭煲，我就用一般的锅蒸米饭，结果底下老是焦，就不停地加水，结果最后把米饭蒸成了白米粥。

吃饭期间，我们也学到了很多的餐桌礼仪。比如我刚准备吃的时候，主人说：“Let’s pray first.”一般主人在饭前祷告时会这样说：“Thank you my lord, for bringing Bruce, Kevin here to enjoy the dinner time together with us. Thank you for the food that you feed us. May you bless them all doing good here in America. Amen!（感谢主，让我和来自中国的 Bruce 和 Kevin 有共同进餐的机会，感谢主赐予我们这样的食物，让我们得以饱足，祝他们在美国一切顺利，阿门！）”

由于她们家里没有筷子，我们只能用叉子和刀子吃饭。当你中途要去洗手间时，要把刀叉 45 度交叉放在自己的餐盘中，表示你还没有吃完，只是暂时离开。结束用餐时，则要把刀叉并行放在餐盘上。一般她们使用公筷公勺公汤匙来取菜。Doris 还告诉我，吃饭时不要发出太大的声音，不要吧唧嘴，一次不要夹太多，少拿多取，不要浪费，左叉右刀。如果你要打喷嚏，打哈欠，一定要说一句："Excuse me!"其他人会回一句"God bless you."

吃完饭后，我们会一起聊天。Nanette Flowers 似乎对中国特别感兴趣，不停地问我：

"Where should I go if I travel in China?"

"How much money does it cost for one meal in China?"

"Which transportation should I take in China?"

"Could you make a tour plan for me in China?"

我给她制定的中国旅行路线是：北京、西安、桂林、香港。

后来的每天，我们都不会在自己家吃饭，都是聚集 5、6 个人一起搭伙吃饭，中西餐换着做，每天都会去超市买菜，然后做很多饭。吃完饭后大家就交流各种话题，目的就是为了练习各种情境下的英语对话。也会看电视，那段时间播放的都是总统竞选的演讲，真不理解，美国总统为什么要花好几个月的时间去做这些事情呢？但这些演讲的内容作为学习英语的素材倒是还蛮不错的。

四个多月的"浸泡式"学习，我称之为"一点两线"英语学习法：每天下午两个小时的教堂英语补习就像是一个固定的点，而每天的上班工作和下班生活又是两条线。就这样，我的英语水平直线上升，从一开始的 Body language 到后来我可以自己独立自由地 deal with any problems。

回国后，通过口试和笔试，我顺利地拿到了英语导游证，由于在希尔顿酒店的实习经历，又顺利得到了桂林国旅欧美部的工作，专门接待美国、澳洲、加拿大的客人。

这就是我颠沛流离的英语扫盲之路，四个月的时间，足矣。

# 迟来的毕业礼——骑行西藏

有人说过：要么读书，要么旅行，身体和灵魂至少一个在路上！我却要说：世界上分两种人：去过西藏的和没去过西藏的。去过的人灵魂和身体至少一个在西藏，而我是“灵魂在西藏，身体在路上”！

2013年4月20日，我做出一个决定——骑行西藏。

也是在这一天，雅安地震发生了。

所以当我26号到达成都时，之前约见的6个网友都不来了。

但我依然只身前往，一个人。

我并不担心找不到同行者，因为只要在路上，就会有旅伴。

此前我没做任何准备，就在我们桂林市的七星公园二手市场买了辆二手自行车，美利达勇士550，不到500元。

当时很多人问我，你没有任何骑车史，你连我们桂林市的最高山尧山你都没骑行过，你怎么去骑行西藏？

但是我就是这样去了，就这样着急地去了。

（以下我以日志的方式真实地还原骑行的全程。）

D1：我已到达成都！今日行程，成都至雅安。没想到今天1人爆胎，1人摔伤，1人跌入沟中！

D2：今天只能到达新沟，明天挑战泸定桥！我在尝试，我在坚持，我在蜕变！

D3：骑友客栈的墙壁上写到：我的女友已结婚，我却只能在这里撸管！另一个车友续：我也在这里撸过！第三个车友续：别撸了，不然明天你没力气骑行了！

D4：今天抵达情歌的故乡—康定，没想到在这里我的银行卡丢了，相机摔坏了！即使挂失后，补了卡，也转不了账，只能回桂林，所以现在我没钱了！我找了5个修相机的地方，都说只能在成都修，修好后给我寄到路上，大概需要15天，所以我把相机寄回去了！只能借队友的钱，用队友的相机，我真的好无奈！

D5：今天爬了折多山，这座折磨了很多人的山，也不过如此！不要总是相信传说，要身体力行，亲自体验！

D6：在高尔斯山下坡的时候，我从车上摔了下来，震得我脑袋发晕发疼，还好有头盔救了我一命。当时头盔都裂了，我有点站不起来，休息15分钟后，头还有点疼痛！

没想到我今天居然冲在了前面，在50多人中，走在前三位，到达了相克宗村，今天有一半的人选择搭车！

D7：从相克宗村到理塘，这是川藏线上最难的一段。因为要穿越海拔4000米以上的两座大山，加之天气恶劣，随时有冰雹和大雪。所以有70%以上的人会选择搭车！刚开始有21人骑行，到最后就剩我和另一个男孩了，在快到158道班的时候那个男孩也撑不住了，最终选择了搭车！我只身一人到达了目的地158道班！我的刹车在这大雪的天气不起作用了，在下坡的时候刹不住，只好用脚刹！

D8：今天独自一人从158道班骑到理塘，顺利完成了这川藏线上最难的里程！烂路和烂天气让我对这段里程记忆深刻！

D9：今天临时加入一个“边走边玩”的队伍，感觉好悠闲，骑了半天，剩余的时间在野外泡温泉。很多藏民不会说汉话，他们没有计划生育，可以生6、7个小孩，很多人靠放牧牦牛为生！

D10：今天我依然独行于抢劫高发区海子山！穿越了6个隧道，都没灯，一个隧道起码1公里，有一个是6公里，骑得我要崩溃了，还好没有被打劫，曾经有藏民在隧道里把人推倒进行打劫。

D11：今天差点被5个藏民打劫，还好后面的队伍赶上来了，看来今后要结伴同行！我的3.5元硬币在西藏花不出去，去了农行也兑换不了，当存款也不行！看来我要一直带着它骑行拉萨，再带回桂林！西藏真是一个特殊的地方！

D12：晚上和教授客栈的老板畅聊了一下：川藏线的旅游商机，包括车行和客栈的兴起、波尔的网络和书籍营销策略、龙达连锁的兴起、517318卡的推出！

D13：我今天被3个小孩"打劫"，问我要铅笔和糖。我翻开包给他们看，说："哥哥只有穿的衣服，下次来一定每人一包糖。"这时一个小孩一直扯我的水杯，我赶紧推开他们，加速前进！还好没有追过来！下午3点到6点，在藏民家里围着火炉，吃着糌粑，喝着酥油茶，看着西藏旅游杂志，真是惬意，这真是一个奇妙的天堂！

D14：今天有一个骑友因毕业答辩不得不回校，此时他泪流满面，他说："我不想半途而废，留下终生遗憾。"我说："骑行川藏线只是旅程的开始，而不是终结！"对很多人来说，这次旅程是心灵之旅，是遗忘之旅，是重生之旅！所以每个人都倍感珍惜，终生难忘，不愿离去！

D15：在路上，我看到有骑友因学业而放弃骑行，有骑友因父母的反对而放弃骑行，有骑友因高反放弃骑行，有骑友因体力不支放弃骑行，有骑友因工作放弃骑行……大家都是兴致勃勃而来，但有多少人能坚持到最后，满意而归？考验大家恒心和毅力的时候到了！

在路上我突然有一个冲动的梦想：搭车去罗马！我会在30岁之前去非洲做志愿者，去澳洲边工作边旅游，搭车去欧洲！我现在已经去了美国，下一站新西兰正在准备中！

D16：早上6点半就出发了，在爬业拉山的时候有3条狗追来，我若无其事地继续骑，还好没事！在路上经常有野狗出没，被尾随是很正常的！在怒江72拐下坡的时候，我也不知道怎么回事走了左边，差一点与皮卡车对撞，吓得我一身冷汗！怒江72拐已经死了13人了，所以下坡一定要靠右行和慢行！慢！慢！

D17：今天有几个可疑的藏民在我前面停止不前，我还以为是打劫的，将500元藏在鞋里，等和他们碰面的时候，发现他们是朝拜的信徒！真是虚惊一场，可能是被之前打劫后留下的心理阴影吧！

D18：我今天在森林中穿梭，看到了围栏中的青稞，房屋前的草坪，木质的大门和草屋……这才是理想中的香格里拉！每家每户都是别墅，好似欧式的大农场！我还真没想到中国也有这样的地方！

D19：今晚和老板探讨如何开客栈，包括床位的布置，广告牌的张贴，书籍的宣传，停车位和火塘的布置，开水，淋浴，公用电脑……这是一家新开的店，缺乏一些商业模式的运作，我多么想入股，把它搞起来，可惜我要去新西兰实现我的环游梦！总有一天我会开客栈的！

D20：在鲁朗镇认识一个自驾游的姐姐，她是北京人，竟然嫁给了一个拉萨的藏族小伙子，看着他们生活的挺开心，他们定居在拉萨，还邀请我去他们家吃饭！民族大融合啊！

D21：路上的自驾车游客很羡慕我们这些年轻人可以骑行川藏线，其实是惋惜自己青春的流失，所以我要在30岁之前踏平中国，踏向世界！不要寄希望于下一代！

D22：来到了八一和工布江达，好像进入了现代文明，终于看到红绿灯了！终于可以吃水果了，洗澡了。但依然怀念那些人烟稀少的藏区，将我们带入了另一个世界，一个真实的香格里拉，在这里我的灵魂得以归宿，我的心灵得以净化！

D23：明天晚上就要到拉萨了，我很激动！我比攻略上缩短了4天，从成都到拉萨骑行了24天，中间只有在康定休整了1天！之前我以为我是新手，估计要骑行至少30多天，没想到我骑得这么快！更值得高兴的是一路从未搭车！

D24：今天骑行了180公里左右，穿越了5013米的米拉山，是穿越海拔最高的一天！下午6点40分抵达布达拉宫，结束了我的川藏骑行梦！

对于每一个喜欢旅行的大学生来说，将骑行西藏作为自己的毕业旅行，是再合适不过的了！它是一个我们走向成熟的标志，是一个人生的节点，是一次心灵的洗礼，是一次重生的机会，是一次思考人生的旅行，是一次自身潜质的挖掘，是一次生理和心理的极致挑战……我爱318，我爱骑行，更爱西藏！

一路骑来，穿越了海拔4000米以上的13座高山，海拔5000米以上的2座高山，穿越了金沙江、澜沧江、怒江和横断山脉！一路经历了逆风、大雪、冰雹、大雨、暴晒，经历了春夏秋冬。这一路，我成长了，我长大了！

怀念那些被狗追的日子，怀念那些狼吞虎咽的吃相，怀念凌晨6点钟的尖叫声，怀念那些住在通铺时的细语，怀念那些在垭口跳跃的身姿，怀念那一杯清香的酥油茶，怀念在路边酣睡时的样子，怀念赶路时的紧迫，怀念那逃荒乞丐的模样，怀念那些可爱的骑友……

318，西藏，有一天我会回来的！

## 【拉萨后记】

在骑行中，有的骑友被磨得蛋疼，有的骑友骑得屁股疼，有的骑友膝盖疼得厉害，有的骑友腰疼，有的骑友嘴唇干裂的疼，有的骑友高反头疼……但我们依然前行,来到了布达拉宫的门前。

我在拉萨的公交车上时，有人问我路，我说：“我不知道怎么到布达拉宫，你还是问别人吧。”他说：“你不是本地的藏民小伙子吗？”我说：“可能是因为我头发很乱，胡子很长，脸很黑，嘴唇干裂，衣服很脏，就把我当成藏民了吧，我是外地骑行过来的！”说着，我和周围的人都笑了！一切的形象和素质在骑行的路上都变得那么的无力！

在拉萨火车站刚哥正在很用心的用抹布擦亮自行车，我说：“刚哥简单冲洗一下泥土就可以了，不用擦得那么干净，明天骑行中还会弄脏的。”刚哥说：“你怎么对待它，它也会怎么对待你！”

## 【桂林后记】

2013年6月2号，在吃午餐时，突然听到《回到拉萨》这首歌，有股想回去的冲动。仿佛回到了布达拉宫，看到了唐古拉山，触摸了纳木错湖。此时才感觉到我的心早已被雅鲁藏布江洗净，我的魂儿早已在雪山之巅唤醒！黄庆龙的“身未动，心先行。身已回，心未归”和我的“灵魂在西藏，人在路上”有异曲同工之妙！不一样的是旅行方式罢了，一个摩行西藏，一个骑行西藏！

生活很难等待我们。它不会等到我们供完房、买了车、赚够钱，然后赐予我们一个生命的空档期去实现环游世界的梦想。很多时候，我们需要在生活的夹缝中挣扎起来，去做一两件自己喜欢的事情，不过，这需要出走的勇气、对得失的承担和对此生的热爱。

正当青春年少时，我们没车，没房，没钱，所以忙于事业的奔波；但我们有车，有房，有钱时，已不再年轻，更没精力去旅行。我们在想何时实现自己的环游世界梦，何时才能跳出这个泥潭？不要犹豫了，拿出我们年轻人应有的勇气和魄力来，勇敢地踏出那一步！我们已经在路上，你在哪里？

若想了解更多信息，请在优酷视频上搜索：小强环球之骑行西藏

# 新西兰，信仰在路上

2013年12月，我结束了在桂林国旅为期三个月的导游生涯，一切准备就绪之后，于12月17号从香港出发，飞往新西兰。如果说之前的美国之旅是穿越了白昼与黑夜，那么这次，则是穿越了季节——从北半球的冬季穿越到南半球最南端的夏季。

落地奥克兰后，我便开始了为期1年零3个月的新西兰打工旅行生活，这是一次属于自己的间隔年。

如果按照古人天圆地方的说法，我这次可算是真正跑到了“天边”游荡了15个月。在这期间，我所经历的故事虽然没有像《魔戒》里面那样奇幻，但也真正算是一次冒险之旅：

两次车祸的劫后余生；

一路从北岛搭车南下期间“被搞基”；

苹果园里的欢乐五人组；

因 5 个工头拖欠工资而开始的“罢工”讨薪之旅；

与三万只鸡那些不得不说的事；

华人背包客大本营里的风骚往事；

期间为爱回国却终究踏上回归的疗伤之旅；

在奥克兰开客栈的牛刀小试；

国际游戏公司里的小强升职记；

小强环球工作室的创立；

……

太多太多不可思议的故事，在此无法向你一一道来。所以呢，我就干脆写了一本书，名字叫做《间隔年在新西兰》，专门讲述这 15 个月里发生的故事。愿你跟我一起，再次踏上霍比特人的故乡，重温这一段奇幻的冒险之旅。

好了，广告到此结束。

现在我要讲的是，在新西兰的日常生活里，那些看起来微不足道的小事。也许没有上面提到的那些故事听起来那么波澜壮阔，但却引发我思考，让我的视界愈加宽广，让我更加清楚如何前行己路。

如果你当下无杂事，不妨静下心来听一听。

为爱回国后，我再次回到新西兰，开始了我的“疗伤之旅”。

也许你无法理解，无脚之鸟与流行之云之间的爱情故事，但无论如何，这只鸟最终找到了自己的理想归属——长得像云的棉花糖，而这片云之后却只能独自漂泊了，因为它只属于天空。

一段恋情的结束，意味着另一段故事的开始。

我总说，新西兰是一个离天堂最近的地方。因为这里的风景纯美，人心简单。

有一天，房东 Kam 对我说："NZ is a relax country，but you look busy. When you do something, just think about first step, then see what happen, no worries, because God will look after you. But you should trust God first.（新西兰是一个休闲的国度，你却总是看起来很忙。当你做一件事的时候，只需要想好第一步，然后看接下来会发生什么，不用担心，因为上帝会带领你。但是首先你得相信他。）"

我随后说："是啊，我平常有做不完的事，有 Plan A, B, C。我目前是一个没有信仰的人，走在寻找上帝的路上有两年了，始于美国之旅。我也希望有一天能找到他，并信服他，我就不会有很多担忧了，我的人生也将彻底改变！"

我记得圣经里有这样一段话：不要为明天忧虑，因为明天自有明天的忧虑；一天的难处一天当就够了。

的确，信仰的力量可以使你的生活变得有序而简单！

那段时间，我在草莓园工作，因为没有车，只好每次搭岛民（南太平洋上的岛国居民）的车。但每次和岛民约好时间来接我，对方都会迟到一两个小时。这让我很崩溃，因为这会打乱我所有的计划。但我又没有更好的办法。

最后我告诉自己：求人不如求己，我要买车！

所以我就做了三个计划：

计划 A：买车后，上午在草莓园上班，下午在蔬菜超市上班，仍住在 Kam 家；

计划 B：不买车，搬到草莓园附近住，上午摘草莓，下午在农场换宿；

计划 C：不买车，拿到温室厂的工作，搬到羊驼山庄换宿。

于是我告知 Kam 我在草莓园上下班的遭遇以及我所有的计划后，想请求她帮助买车。谁知她让我去 Hux（Kam 丈夫）工作的地方面试。

Hux 是 superviser，HR manager 是 Kam 的朋友。于是在我把 CV 发给 Kam 一个小时后，被通知面试。然后我就顺利地成为 EB Game Company 的员工了！

谁能想到，和 Kam 一次不经意的谈话就改变了我所有的计划，周一到周五在游戏公司上班，周六在蔬菜超市上班，周日在草莓园上班！

所以，我又告诉自己：等待，也许是最好的改变，让所有的计划短暂停歇一下吧！也许，上帝早已为你安排好了一切，你需要的就是静静地等待。

Kam 之前说的话果然没有错。我为自己做好了所有的计划，并且认为那是对自己最好的计划。结果没想到上帝对我也有一个计划，但这个计划完全是出乎我的意料的，并且只有当我经历之后，才发觉，原来上帝这个计划才是对我最好的。

于是,我开始对这个上帝产生了兴趣,我想要更多的去了解他。

之后，我有幸参加了一次 C3 Church 的青年聚会，两千多人的场面把我给震撼住了。第一次看到这么多人去教堂参加聚会，后来得知，因为有一位著名的美国传教士来演讲。由于教堂内的座椅不够，很多人站到了走道和外面的大厅里。

在这位传教士发表完演说后，很多人哭了，大概有 10 多个人倒在地上做忏悔，还有不少年轻人在今天接受了 Christ。在我面前的女孩倒下时，我慌忙扶住她，并一起祈祷和忏悔。

亲身经历这样的场面，在祈祷声和音乐声的伴随下，我的内心也充满了忧伤，感觉自己是有罪的人，希望得到宽恕。尽管自己是一个没有信仰的人。此刻我宁愿相信，上帝能够把每个人从罪恶中救赎，并带领大家走向天堂，走向一个人人平等，没有歧视的地方!

也许只有信仰，才能真正让我们放下成见，消除隔膜，以爱之名，把所有人聚集到一起，让不同肤色，不同年龄，不同性别，不同种族，不同国籍的人，像家人一样彼此相爱，互相包容。

我想，这就是信仰的力量!

回顾我自己对待基督信仰的几次转变:

第一次，美国之旅的结束，让我对自己的无神论发生了动摇，从不相信耶稣的存在到疑惑他的真实性;

第二次，在自己很无助的时候，莫名奇妙地有了祈祷的想法，这发生在骑行西藏的前一天;

第三次，在新西兰经历了15份工作磨难后，对人生态度发生了转变，感觉很多事是人所不能及的，并认为自己是一个有罪的人。

于是，我决定开始了解上帝，并且给自己制定了寻找信仰3步曲：

一，拜读圣经里的故事，了解耶稣；

二，参加教堂聚会，和基督徒探讨圣经，解除我的疑惑；

三，踏上寻找耶稣的旅程，最后就是找到自己的信仰！

在我15个月的新西兰之旅接近尾声的那几天，我决定在教堂做一次演讲，作为我在新西兰追寻上帝的一个见证吧。

结果是，我在3家不同的教堂做了3次演讲，并且成为了名副其实的“教会小明星”。

我演讲的主要内容可以分为三个部分：

一，兄弟姊妹的爱是不分国籍、性别、种族、年龄和肤色的，基督教是一个国际大家庭，应该和而不同！

二，关爱和帮助身边的每一个人，就是最好的福音书！

三，感谢在新西兰遇到的每一个人，感恩新西兰带给我的成长！

最后，我想说：新西兰，一个离天堂最近的地方。我们还会再见的！

若想了解更多信息，请在优酷视频上搜索：小强环球之间隔年在新西兰

# 第四章 众筹创业

若你勇敢地托起别人的梦想，
有一天别人也会成就
你的梦想！ ——行者小强

# 每一位行者都有一个青旅梦

每一位行者都有一个青旅梦，我也不例外！

高一暑期时的我，从来没有出过远门，和别的同学一样，渴望外面的世界。“飞出高考的牢笼，飞向天安门广场”是那时汝州市二高许多学生的梦想。我当时拿着手里仅有的600元钱，跟好朋友飞向了汝州火车站，飞到了梦想中的天安门、故宫、天坛、颐和园、北京大学……

首都是那么的大，我是那么的渺小。初次体验在路上旅行的我，对北京的一切产生了极大的好奇，好想在这里安个“家”，慢慢感受这里的一切。这就是我的第一次远行，也是第一次想有个“家”的冲动。

时隔3年，我考上桂林旅游学院，来到了山水甲天下的桂林，从此旅行便是我的生活。从三山五岳到珠峰脚下，从澳门到三亚，从北京到芝加哥，从香港到惠灵顿，从奥克兰到台北……我慢慢地走在了路上，但“家”却似乎离我越来越远，我的旅行更像是一种流浪。

在新西兰转战了8个城市，为16个雇主工作过，习惯了搭路人的车，住别人的沙发，流浪似乎已经成为了我的生活，而我竟也慢慢习惯了“四海为家”。

一个睡觉的地方是行者每天都会找寻的点，无论是露营地，还是青年旅舍。尽管欣赏到了纯美的风景，品尝到了别致的美食，但“静静地躺在床上，期待着明天的到来”才是每一个行者每天旅行最后的句点。

从大学时的环华旅行，到如今的环球旅行，流浪和孤独是一直陪伴我的“字眼”。突然好想在路上有个家，“不用流浪，也会在路上”，那么青旅，就是行者最好的一个选择。

即使不用四处流浪，也会有一帮流浪的朋友伴着你；即使远隔千山万水，也可以看到万山之巅的白雪；即使慢慢老去，也有一个温馨的家。

在新西兰出发前几天，我见了宝哥，他跟我聊到了想开青年旅舍的想法。当时我热血澎湃，好想入伙，但由于资金不足和环球旅行的计划，就放弃了。

在新西兰汉密尔顿养鸡厂工作的时候，宝哥又跟我来信说：“我们将青旅选在香格里拉古城内，最近刚盘下主楼和院子，目前正在筹集资金，你还感兴趣吗？”我说：“我在养鸡厂攒了4万元，可以考虑投给青旅，但是我得先看计划书，和股东们沟通。”

经过1个月的认真思考后，我打电话给宝哥，说：“我可以入股，入股的原因是我想在路上有个家，同时也算是创业了，回国后我要参与客栈的运营和管理。”

我很清楚，一旦将仅有的4万元投给青旅，会直接影响到我的环球之旅，但我还是决定入股，并待回国后一起运营我们共同的家。

理想很丰满，现实很骨感。随后“在云端青旅”在房屋建设、装修、宣传推广等方面都遇到了很多的问题，但从未经营过青旅的我们，没有气馁，最终将问题一一解决，因为我们是行者，有种不向现实屈服的骨气。

“在云端青旅”在2014年10月试营业了，但还在建设花坛、书房、酒吧等。我虽没有走在一线，但和大家共同建设青旅的心从未消失过。最后决定将于2015年6月份前往香格里拉“在云端青年旅舍”参与宣传推广。

我梦想着，“在云端青旅”的墙壁上挂满了自己环球旅行的照片；书屋里摆放着小强环球的宣传册；房间是以“灵魂在西藏”、“毕业旅行在美国”、“间隔年在新西兰”为主题风格营造的。

我梦想着，清晨静静地走在独克宗的古石板上，伴着转经筒的声音去喝酥油茶；坐在木质椅上，远望着高山之巅的白雪；喝着下午茶，和行者们讲述小强的环球故事。

我们是一群爱旅行的行者，有着开青旅的情结！青旅可以倒闭，但我们的家，我们的梦要在！

欢迎来到香格里拉“在云端”青年旅舍，回到行者的家！

若想了解更多信息，请在优酷视频上搜索：小强环球之我在云端等你

# “凤尾竹”，众筹创业初尝试

文青说，生活很美好，让我们且行且珍惜。

文氓说，生活很狗血，让我们且行且折腾。

我属于后者。

先来说点美好的事。

“凤尾竹”这个名字是怎么来的？

长话短说。桂林是我的第二故乡，别人问我时，我便说：“俺是来自桂林的河南人。”Jerry是我在桂林国旅欧美部做英语导游时的同事，阳朔人，熟悉当地旅游市场，有开青旅的经验。出于对桂林的特殊感情，加上骑行西藏时萌发的开客栈的想法，一路旅行，如今刚从新西兰回到国内的我，借着入股香格里拉“在云端”青年旅舍的热乎劲，我决定和Jerry在阳朔开一家属于自己的青旅，也采用众筹的方式。说得文艺点，我想让情怀落地。说得理想点，我想圆自己一个梦。

盘好了地儿，签了租房合同，Jerry 问我："窝，咱已经有了。起个什么名呢？"

我环顾四周，一簇清脆的凤尾竹顿时映入眼帘。我随手指了指，对 Jerry 说："就叫它吧。"Jerry 顺着我手指的方向看去。

"竹子？"

"是竹子，但不是竹子青年旅舍，而是凤尾竹青年旅舍。"

Jerry 还是有些不解，我便和他讲起了自己的想法：竹子在桂林随处可见，历史悠久，和桂林人的生活息息相关。竹筒饭是桂林人最爱的美味佳肴，在大学时代我带领"风雨无阻"户外俱乐部的驴友们探险的时候也都是靠它来充饥；竹筏是桂林人最为传统的交通方式，时至今日更是游客欣赏漓江山水的特色体验方式；六塘的竹制家庭作坊曾在《央视财经》播报，竹椅、竹席、竹帽等成为竹艺的代表而远近闻名；彭丽媛的《月光下的凤尾竹》也曾为世人所传唱。

身在竹子世界的桂林，每个人都会对竹子有一种特有的独爱，而凤尾竹作为桂林喀斯特地貌上最具代表性的竹子，以它命名接地气，也是我们对桂林山水的感恩。其实竹子，不仅为桂林人喜爱，它更是中国古典文化的一个代表，历来为文人所追捧。竹子象征着正直、高洁、气节，以竹子命名正是我们对正能量的追求，对青旅文化的坚守，对大学和青春的追忆。

Jerry 听完后连连鼓掌："说得真好，我从小在桂林生活，却不知这竹子竟有这么多门道！得，就这么定了，就叫凤尾竹青年旅舍！”

好了，美好的回忆到此结束，狗血的剧情开始拉开帷幕。话说每个狗血的剧情好像都有一个美好的开始。闲话不多说，先来撒点花。

还得从香格里拉“在云端”青年旅舍说起。彼时还在新西兰的我，无法亲身参与到青旅建设中，于是便通过线上工作遥控参与，包括宝哥在内，我们一伙人都是空有一身创业和实干精神，却对基建水电等不太懂。不像“凤尾竹”是直接租门面，“在云端”可真真地是从无到有，拔地而起的，因而前期建设成本比较高，加之我们都不懂基建水电，后来竟然因为失误，盖了一半又不得不返工，这增加了我们不少成本。所以我说，什么最烧钱？情怀最烧钱！还别不信，屋漏偏逢连阴雨，“在云端”因为地理位置好，地租以每年 30% 的增幅稳步增长着。而股东们大都也是奔着情怀来的，基本没怎么做过生意，更别提什么创业精神了，客栈一出问题便众说纷纷而来，相互推诿，互相猜疑。都说情怀说起来容易做起来难，还真是！

基于“在云端”的各种教训，“凤尾竹”可算是提前做足了功课。

首先，因为直接租的门面，一来不涉及水电和基建的事，二来房租也不算高，基本是市场价。签了 12 年的租赁协议，且前三年和后 9 年两个期间房租不增。另外，设计和软装分别由我和另一位股东黑白来做，又省了两笔不小的开支。这样一来，前期成本算是被控制在了一个合理且较低的水平。

其次，所有入股的合伙人必须经过筛选，最好是踏实且有创业精神的。由于我在"在云端"建设过程中全程直播式地发布动态，积攒了很多感兴趣的网友持续关注，待我的"凤尾竹"股东招募帖一经发出，便有30个网友响应，经过初步筛选，最后来了8位候选人进行面谈，经过互相了解，最终我们选择了3位合伙人——圆圆、黑白和丫丫。再加上Jerry和我，就组成了"凤尾竹"股东五人组。

因为招募中我们要求每一名入股的合伙人必须亲自参与青旅的筹建，所以，圆圆放弃自己的财务工作，从成都直飞到桂林，开始了前台和客房打扫生活；黑白暂辞室内墙绘工作，用画笔勾勒12间客房；Jerry放弃接待欧美旅行团的计划，赶来负责青旅的网站推广；丫丫不顾父母反对，决然离开西安，褪去大小姐的光环，开始自己的青旅梦；怀有环球旅行梦想的我——小强，也暂停一切旅行，回到这熟悉的桂林、熟悉的阳朔，开始全权负责"凤尾竹"的建设和运营！

我以为我们会像电影《中国合伙人》里面那样，大家齐心协力，为了最初的梦想而战斗到底，即使中间会因为理念不合而产生争执，但毕竟都是为了客栈，最终也会迎来大团圆的结局。结果我完全想错了，接下来的剧情根本不是《中国合伙人》的调调，而是《宫锁心玉》《宫锁珠帘》《宫锁连城》《宫锁沉香》的节奏。简直都可以拍一部"宫心计"大片了！

怎么回事呢？让我先来介绍一下咱们的几位主角。

圆圆，女一号，性格单纯，做事认真，属于典型的“傻白甜”类型。曾是“在云端”的客人，住宿期间在院子 DIY 区的鹅卵石上做过画，就此认识。因为会财务，所以后来在“凤尾竹”里主管财务。

Jerry，男一号，又名小路，阳朔本地人，英语导游，有开客栈经验，懂行情，属于“有理想、有钱途、有情怀、有干劲”的四有好青年。

丫丫，女二号，西安人，性格爽快，有情怀，有想法，属于“敢想敢做，敢作敢当”型。入股不为钱，只为玩，但玩得踏实，脑子也灵光，属于少有的那种“有性格的明白人”。最擅长的就是“看家护院”。来这之前，北京西安两头蹿，要么去北京找中科院的男友玩，要么回西安守着新买的大房子涂指甲，典型的千金大小姐，但为人处世、说起话来一点都不磕绊。于是，她自然就负责起了守店和做前台的任务。

黑白，男二号，艺术男一枚，画得一手好墙绘。人如其名，“黑白两道”都混，还都混得不错，典型的好人缘，属于谁都不得罪的那种。也是我学弟，大学时曦苑文学社的接班人，副社长。

小强，路人甲，但属于钦定，铁饭碗那种（主要是跟导演关系好），相当于古装戏里边经常演皇帝但没多少戏份，却经常在背后运筹帷幄那种角色。擅长筹集资金和运营自媒体，经常以行者的形象自居，其实是个伪文青，属于有那么一点情怀又喜欢实干的野生掌柜一枚。曾疯狂痴迷武侠电影并梦想在新疆的沙漠里开一家龙门客栈。

好了，角色介绍完毕。狗血的故事来了。

话说在风和日丽的前两个月里，大家各司其职，忙忙碌碌，一派和谐而又美好的景象。在慢镜头和快镜头的不断切换下，大家你帮我，我帮你。一起做卫生，一起画墙绘，一起跑采购。就这样，有些微妙的东西开始慢慢发酵，慢慢生长。于是，有那么两个人，从互帮互助的革命友谊，一来二去，就升华成了你侬我侬的男女朋友。

哪两位呢？当然是咱们的男女主角 Jerry 和圆圆咯。故事也是从他俩的恋情开始的。

君子好成人之美。我一开始也算喜闻乐见，并未多说什么，只是心里有一丝不祥的预感。

两个月的客栈筹建工作很快就结束了，除了丫丫守店留守之外，其他人都准备离开，各回各家，各找各妈。此时，Jerry 自然舍不得圆圆走了。于是，Jerry 开始动起了心思：如果守店的是圆圆，而不是丫丫，圆圆不就可以留下了吗？

隔天，Jerry 跑来找我，跟我说起这事。我便语重心长地对他说："小路啊，我很理解你的心情，但是呢，圆圆真的不适合守店，她的性格你也了解。我们之前也开过会，一致同意由丫丫来守店，她也是最适合的人选。你既然是我们的股东，就应该从全体股东的利益出发去思考问题，怎么能为了一己之私就枉顾客栈的利益呢？再说了，就算你要换圆圆来守店，也要经过人家丫丫的同意。"

都说处于恋爱中的男人是最不理智的，Jerry 也不例外。也怪我多嘴，见劝我无果，接茬就跑去找丫丫聊。不聊还好，一聊就炸了锅了。丫丫不像我，不会给你晓之以理，动之以情。她只会给你晓之以理，然后动之以手。结果俩人就开骂了，骂着骂着还打了起来。

“小路你也太自私了吧！我们这一大堆人凑一块是陪你玩儿来了？！你说换就换，你到底有没有把其他股东利益放在眼里？！”

“你还说我？！你自己也不看看自己，整天说的比唱的还好听，惹事倒是一个能顶俩，你忒么不光是一嘴子，还是一花瓶！你说你能干啥？”

“你再说一个试试！你们阳朔人就是没教养！是不是还想打我呢，啊？！来啊！你们阳朔人就是一个比一个无耻，不光无耻，还他妈没教养！”

“……”

说起“没教养”这事，我还真得说道说道。

话说我们客栈门口有一车位，本来就是属于我们的，结果我们邻居就经常占用，害得客人每次来客栈都没地儿停车。后来丫丫和邻居为此起了争执，矛盾也一直没解开，于是乎，邻居老太太每次就直接搬个板凳坐在车位上，见车来也不躲，这把丫丫给气得呀！更可恨的是，老太太还隔三差五地弄个大石头放到马路中间，故意不让客人车开过去，甚至有一回还打算要碰瓷儿。你说就丫丫这脾气能受得了吗？整了一肚子怨气不说，还拿人家没办法。最后也只能骂一句：阳朔人真没教养！

骂也骂够了，打也打爽了。丫丫这下给我撂下一句话：“老娘不玩了，玩不下去了！我要撤股，小强你看着办！”

我说：“丫丫，你真是我的大小姐呀，你说你这半路尥蹶子可真有你的。咱们当初可是说好的，要撤股，得经其他股东同意，哪能说撤就撤？你又不是不清楚。再说了，小路不懂事，你怎么也跟着瞎起哄啊？你说你们这样折腾，客栈还开不开了？！”

“少跟我提他！就是因为有他在，我才要撤股。你别劝我啊！”

“你先别着急嘛，咱们好不容易凑在一块创业也不容易，这都两个多月一起都过来了，咱先不要感情用事嘛，你又不是那种不通情达理的人。你非要撤，也得经过其他股东同意不是吗？”

就这样，为了大家的团结，我可算是操碎了心，苦口婆心地劝了这个又劝那个。谁承想，山雨欲来风满楼，当天晚上回去，丫丫就开始在宿舍里面游说起了圆圆，撺掇着她和她一起撤股。真不知道咱这女一号圆圆是单纯呢还是傻，还真给说动了。第二天俩人就来找我说一起撤股的事。看来我还真是低估了丫丫这个小丫头的心思和嘴巴。竟然给我来了这一出。

“现在好了，我和圆圆都要撤股，你说怎么办吧？”丫丫一上来就跟我撂摊子。

“合同说了，要撤股需要其他股东同意，你们现在也只有两个人。小路，你的想法呢？……你倒是说句话呀！……你不会也想跟着撤股吧？”小路此时的沉默让我有点崩溃。

“呃……我听圆圆的。”小路犹豫了半天，最后竟然来了这么一句。差点没让我吐血。

“得，那你呢，黑白？”我已经不抱什么希望了。

“我听大家的。”黑白还是那么一如既往地顺风倒，谁都不得罪。

这样的场景，一下子让我回想起大学时期曦苑文学社的赌约，吓得我一个哆嗦。那次是我一个人力挽狂澜，稳定大局，却因此失去了一个挚友。如今，又遇到这样的情景，我该如何是好呢？

“小路啊，你说说，当初是你和我一起把客栈开起来，这是我们共同的一个梦，如今你这样做对得起我吗？”

小路低着头没说话。

“小强，你看，现在是三比二，你说怎么办吧。”丫丫一看形势接着就向我发难。

“三比二怎么了？合同里说的清清楚楚，其他股东都得同意，我同意了吗？”

“我不管，现在是三比二，你要是不同意，我明天就把转让牌子挂到门口！”

“丫丫你怎么能这样呢？咱们刚开的客栈还不到仨月，干嘛要转让？！你这不是胡闹吗？！”丫丫这一闹，气得我肺都要炸了。我努力让自己平静了一会，接着说：

“我可以让你们撤股，但是你们撤了，谁来填补你们的空缺？

你们至少要先找到新的合伙人吧。"

"我们上哪去找？你那么厉害，你可以再招啊。不是还有之前那么多想入股的网友吗，你可以再把他们找回来啊。"这俩小丫头的嘴倒是挺利索。

"是你们自己要撤股，不是我逼着你们撤，我干嘛要帮你们找……行了行了，撤股不是那么简单的事，今天先到这吧，明天再议。"

此刻我只感到心累，没想到众筹个客栈这么累。哎，还是先想想怎么解决当下这个问题吧。小路跟我比较熟，关系也近，可以先从他入手。当天晚上，我先找到小路。

"小路啊，你说说你，咱俩当初是怎么说的，现在一步步终于把店给弄起来了，你又要撤股，你这样做对得起我吗？！这样吧，我知道你舍不得圆圆走，那你可以去劝劝圆圆嘛，看她能不能别撤股。你一个大男人，总不能什么都听她的，你说是吧？"小路同意试试看，结果如我所料，果然没有劝动。于是我又接着跟小路说："小路，你看啊，咱先不管她俩女生怎么弄，你说说，你当初跟我盘这个店是为了什么？咱就往实在了说，还不是为了盈利，为了赚钱？现在丫丫是铁了心要走，她一走，就没人守店了。你呢，正好又是本地人，熟悉情况，到时候你可以守店嘛，对吧？工资你就自己给自己开！之后咱再招个前台，你也可以当个兼职店长，到时候我再给你加一份钱。你看咋样？"

"强哥，其实我也没想着要撤股，主要是圆圆她不听劝，我也是没办法。”

“圆圆和丫丫她俩你先不用管，我来处理，只要你先稳住，咱客栈就没问题，你放心，她俩的事情我有办法。明天开会你听我的就行。”

“那行。”

小路算是稳住了。接下来就是黑白了。其实黑白倒也不是倔，入股就是为了有利可图，只要是为了钱的事，都好解决。

“黑白，你看啊，咱们这个客栈前期投入你算过一笔账没？除了三万五的押金，成本还不到16万。就咱目前这个情况，肯定是稳赚不赔啊！退一万步说，咱现在就是把客栈再转出去，做个二房东，那也赚呀！你想想，是不是？你说说你，当初投咱客栈是为了什么，咱也别说那些虚头巴脑的，就说赚钱，我小强何许人也，你还不知道吗？大学那会，你又不是不知道，只要我黎强宾想办的事，有哪样是办不成的？！你好歹也是我的学弟，当初又是咱文学社的接班人，你说就咱俩这关系，我还能亏待了你？！你放心，明天开会你听我的，肯定没问题！我的能力你还不相信吗？”

“强哥，话都说到这份上了，我能有啥意见。只要你金口一开，我肯定支持你啊！更别说你是我学长了。那，丫丫跟圆圆那边你准备怎么办？”

“这个你放心，明天交给我，我自有办法。”

翌日，股东大会。

丫丫：“小强，你倒是给我们个说法呀！你到底给我们退不退股？反正我跟圆圆是找不到人，你要不给我退，我现在就去写转让牌子。”

丫丫的一句质问，让大家把目光都转向了我。

“丫丫，你也别闹了。你们听我说，现在呢，是只有你俩要退股，是吧？这样啊，给我两个月时间，正好我要准备第二季全国巡讲了，如果巡讲这两个月之内，我能找到新的合伙人，你们就可以撤股，如果我没找到，你们就要自己找，直到找到新的合伙人之后，才能撤股。这样可以吧？”

“……可以。”

终于算是稳住了这两位姑奶奶。同时这招缓兵之计也给我争取了两个月的时间。两个月后，我还真找到了两位新股东，一位是曾经在“凤尾竹”做过义工的婉扬，一位是来自深圳做外贸工作的小蒙。这两位还算是比较踏实，主要是不惹事。于是，丫丫跟圆圆撤股，婉扬和小蒙入股。一段风波终于算是暂时平息了。送走了两位大神，迎来了两尊菩萨。也到年底了，至少可以安安心心地过个年了。

嘿，谁承想，刚过完年，小路又来事了。老剧刚结束，新剧又“上映”了。小路说不想守店了。成，咱找个全职店长不就完了吗？结果小蒙说她愿意试试，好啊，这敢情好。来呗。于是，小蒙辞去了她在深圳的外贸工作，奔阳朔来当起了客栈掌柜，这店长兼着前台，一当就是两个月。

故事到这里分成了两条线。

话说小路这边刚刚离开了一个月，那边就开了另一家青旅，叫“懒人空间”。小路是创始人兼股东，另外两个股东是圆圆，还有房东。嘿，我说这小子干嘛突然不想守店了，原来是悄摸着跑去开夫妻店了。有意思，真有意思。

小路是这么跟我说的：“圆圆说了，我必须要有自己独立的店，否则她就不跟我。强哥，我这也是没办法，好不容易碰到个喜欢的姑娘。再说了，人生能有几次奋不顾身的爱情。为了自己心爱的姑娘，值了！”

我心大，倒也是喜闻乐见。毕竟兄弟为了事业和爱情，一百个理解。只是我的右眼皮又不安分地跳了两下。

果然，不出一个月，剧情有了反转。俩人闹矛盾了，圆圆又要撤股，还说要分手。这下小路可是急了眼了。怎么办呢？当然不同意了。于是圆圆又是三番两次地跑到店里来闹。小路是好说歹说，一会又和好，一会又要分，就这样翻来覆去地折腾，最终还是分手。哎，爱情这东西，真是够折腾人。

可是圆圆要撤股，怎么办呢？小路这回可真是没钱了，投了两家青旅，还能有什么钱？一时间，小路也找不到新的合伙人，于是就动起了“凤尾竹”股份的主意，打算拆东墙，补西墙。反正分散着投两家，不如一股脑全投自己的店。

于是这边就开始跟我提退股的事。知道我不同意，早就想好了招，之前他守店，“凤尾竹”所有的网上订房热线留的都是他的电话，后台系统账号密码也都是他弄的。这下好了，不给退股，就关闭所有的网上订房平台。

我被逼得没辙，回撤桂林，亲自处理这一大堆烂摊子。首先重新找了一个新的合伙人——来自澳大利亚的新股东Jack，顶替掉小路。为了避免以后再发生类似的事情，我又重新调整了店内的管理层和股东的关系，重新招了一个兼职店长，一个全职前台，一个兼职客房阿姨。最后由婉扬作为总负责人，同时负责财务。所有人配合店长的工作。旺季时，Jack和小蒙来店里做15天的义工。黑白本身就在桂林工作，平时店里有任何硬件问题可以找他。兼职客房阿姨在旺季时也会转为全职。而我呢，继续当一个行者，走在路上，为所有人在前方开路。目前"凤尾竹"计划在2017年四月份盘下五楼和六楼，将12间客房扩建到19间。

同时，我也重新调整了入股协议关于撤股的条件，增加了"两个一致"：股东撤股，必须经过全体股东一致同意，且寻找的新入股人也必须经过全体股东同意方可撤股。这样一来，撤股条件更加严格，也避免了类似以前那样的矛盾再次发生。另外，我也重新将股权和管理权彻底分开，并且公推婉扬为客栈唯一经营者。

所以，创业何其美好，过程何其狗血。艰难之处，难以言说。然而，不变的是，初心。纳兰性德说得好，"人生若只如初见，何事秋风悲画扇？等闲变却故人心，却道故人心易变。"

众筹"凤尾竹"，初衷并非只是创业赚钱，更多的是一种情怀，一种"桂林情结"的牵绊。在整个创建过程中，我始终以竹子为格调，以行者为灵魂，通过小清新的风格，营造一种朴素、清幽、雅致的氛围，使得每个旅途劳累的行者都能感受到家的温馨。

最后，送给大家三点创业感悟：

其一，创业就像一部宫廷大戏，每个人都会因为利益导向的不同而随时发生改变；

其二，青年人太缺乏创业精神，能找到一个“德、行”兼备（德指的是品德，行指的是执行力）的合伙人太难了；

其三，创业也是一个坚持的过程，坚持就是胜利。

# 青空，未来青旅的 2.0

回首 2015，发觉自己走的很快。

1～3 月奋战在新西兰 EB—Game 游戏公司；

4 月份走进台湾人的世界；

5～6 月开启了小强环球之全国高校巡讲第 1 季；

7 月在香格里拉“在云端”青旅做基建；

8～10 月众筹了桂林“凤尾竹”青旅；

11～12 月开启了小强环球之全国高校巡讲第 2 季。

我也不知为何有那么多的能量，去践行自己的梦想……

2016 年，我想做点什么？计划有三：

其一，我想开一家中国最大的青年空间；

其二，我想出一本书《间隔年在新西兰》；

其三，我想走进非洲肯尼亚。

我从不相信“梦想很丰满，现实很骨感”，我坚信的是“能将梦幻的东西变成现实，是一件很幸福的事”。

11月我去西安高校巡讲时和网友“cowboy”、蒋哥、黄哥见面，他们想了解有关众筹青旅的事，并希望能和我一起众筹一家青旅。我们前后见了几次面，但我告诉他们，我接下来想做的不是青旅，而是青空……

青年旅舍是青年背包客交流的场所，而青年空间则集聚了更多的当地青年人，交流也不是一时的，而是持久的。我想打造的青年空间，集青旅、咖啡厅、真人图书秀、大学生求职公寓、影吧、户外俱乐部等多重功能于一身，不仅是中外背包客的驿站，更是当地青年人的交流空间。

青空，一个可能还是相对新鲜的词，一个可能在行业还为数不多甚至少的可怜的存在。我将其作为2016年的一个奋斗目标，并执着于实现它，除了有情怀的因素，还有我对青旅整个行业的认识，以及“在云端”和“凤尾竹”给我的创业启示。

简而言之，目前国内青旅有3大突出问题：

1. 淡旺季过于明显，淡季很难维持盈利，进而消化了旺季盈利。

2. 青旅门坎低，市场过于饱和，同行恶性价格战。

3. 青旅盈利模式过于常规化和单一化，主要是客房收入，偶尔附带酒水、景点门票、交通提供等。

这三大问题，我想作为青旅的老板应该都感同身受。而青空的提出正是为治愈这三大顽症所下的良方。

针对问题1：青旅定位于服务游客，而青空同时服务于差旅人士、当地青年人、即将毕业或是毕业不久的大学生，对象的定位打破了时空对青旅的限制；

针对问题2：青旅需走向规模化、社交化、特色化。青空会在规模上同一般青旅拉开档次，将青旅和创客有机融合，主打社群效益，在市场的高地上可以自如地践行理念；

针对问题3：青空是一个复合型概念，集青旅、咖啡厅、真人图书秀、大学生求职公寓、影吧、户外俱乐部、手工艺人工坊等于一身，每一个功能性的场所都可以成为盈利源。

所以我坚持要做一家青年空间。cowboy、蒋哥、黄哥还是很认同我的想法，并表示很希望能和我一起完成西安第一家青空的筹建。很快，在资金到位后，青空计划正式启动，我2016的首个梦想竟然在2015年提前实现了。我自然而然地又成了从设计到施工再到推广的总负责人了。因为地处西安，所以我们将青空起名为“丝路长安青年空间”。

丝路长安青年空间的选址颇费一番周折，但位置的重要性又不言而喻，地段，地段，还是地段！我们最终把位置确定在了西安地价昂贵的鼓楼对面。因为在这个最繁华的街道上，在这个最古老的景点处，熙熙攘攘的人群需要青空，需要一个极具特色化、社交化的文化休闲平台。

丝路长安青空为一整栋独立的五层楼，总面积为1600平方米，56间客房，位置和体量上占据明显的优势。从一楼到五楼风格上具有明显差异，但又形成古今中外时空上的巧妙联系。

一楼是历史风，布置有前台、行李房和微型博物馆。微型博物馆既能展示西安特色的本土文化，又可以入驻手工艺人个人的手工制品展。

二楼是充满浓郁陕北风的青旅客房，同时入驻刺青工作室，并附带布草间和公共浴室。文化旅游是旅游发展的必然趋势，特色炕床、八仙桌椅是城市下的传统文化元素。

三楼充斥的是工业风，客房为特色主题房，同时有两片连通的公共区域，通过零房租、利润分成的形式，目前已经入驻了初见咖啡厅（外场为花园阳台，在此处可近距离欣赏到鼓楼全貌）和联合办公室（内含一人一故事社群），并已经顺利开展了多次创业和旅行分享、小众音乐会等活动。

四楼是现代创意风的青年公寓，主要租住给附近的青年职场人士和求职的大学生。

五楼是洗衣房、晾衣台，还有一个超大的露天天台。我们计划将天台打造成一个花草房，将其作为服务我们青空和周边临近商铺的特色花卉市场。

青空从开始建设到试运营，花了四个月时间。看似顺利的背后，我却经历了太多不为人知的困难和痛苦。

先是西安的冬天太过寒冷，时不时就漫天大雪，建设施工进度无法达到我的要求，我一再和包工头协商都不能达到理想的效果，于是我就亲自参与到基建中，希望以我的实际行动带动来他们；后来设计上又出现了问题，所请的设计师做事拖拖拉拉，只会耍嘴皮子，还试图挑拨我和股东们的关系，最终被我辞掉；再后来就是咖啡厅外包等环节上出现各种不一致，甚至一度引发停滞……现在回想起来，那四个月真的是我最劳心劳力的一段日子，胡子拉碴，衣衫不整的形象想必我的网友们也都有看到。

开弓没有回头箭，问题出现就必须被一一解决。所有的问题归结起来根本还在于一个可靠的稳定的有干劲的团队。于是我急调来“在云端”的小游和“凤尾竹”的黑白。两个人都是我并肩战斗过的战友，做事靠谱，很快就成为了我的左膀右臂。

除了调兵遣将之外，在整个问题解决的过程中，自媒体也发挥了不可缺少的关键性作用。依托“小强环球”微信公众平台，我把青空的整个设想和施工进度以推文形式推送给了一直支持我的网友们，得到了他们积极的呼应和帮助。正在我苦于施工进度缓慢的时候，义工大军浩浩荡荡地来了。

西安的冬天真的很冷，但是这个有情怀的义工团队就是敢“与天斗其乐无穷”。设计师辞掉后，青空一度陷入到停滞状态，再请设计师已经超越了我们的成本。而就在此时，网友吴雅打来了电话，了解到我需要设计师，便从广州飞来，一人肩负起了整个青空的室内设计工作。

可以说，没有小强环球自媒体，就没有顺利建设中的青空；没有义工的慷慨相助，就没有完美呈现的青空。时至今日，每每想到这批来青空的义工，我的心底都还会涌出一股暖流。这就是情怀，义工的情怀进一步坚定了我打造情怀型青空梦的理想。

丝路长安青年空间已于2016年4月开业，半年的时间内已实现了盈利。不过，我早已经离开了青空，暂时无法看到青空每天迎来送往的客人。我一手打造了青空，但我还是喜欢行者的生活。我唯一的祈愿就是希望青空能一直按照我的情怀设想走下去，让更多青年人体验到一种不同寻常的青空文化。

丝路长安青空是西安第一家青年空间，是属于你我的造梦空间，是西安青年人的社交据点，是未来青旅的2.0。

【花絮】

## 丝路长安成长记

2016年1～4月大事件（时间轴）

1月1日～1月15日：请来会计清查账目，全面接手青空筹建；基建、水电不合格，且价格远高于市场价，遂果断解约装修公司，同时请来设计师和新的包工头。

1 月 15 日～2 月初（农历年前）：设计师工作拖拉，且欲挑拨内部关系，果断辞退；紧急调来“在云端”的小游管理财务，调来“凤尾竹”的黑白接管公共区域设计，同时监管基建；包工队因过年期间施工提升至 1.5 倍工资，但进度依然缓慢。

2 月中旬～3 月底：网友吴雅听说我需要设计师后，毅然辞掉广州的工作赶来支援，一人包揽所有客房室内设计（全程免费帮助，后入股成为股东）；招募的义工大军及时赶来，解决了后勤的问题；同时提前招募了店长芳子，此间主要负责各种采购；通过零房租、利润分成的形式，由西安邮电大学师生共同筹建了初见咖啡厅；基建、软装、网推全部完毕（二、三楼为青旅客房，主要在去哪儿、美团、艺龙等网站上线，四楼为青年公寓，主要在 58 同城、赶集网等网站上线）。

4 月：开始试运营；招募前台 4 名、客房阿姨 2 名、门卫 1 名；完善青空各种制度；引进刺青工作室、一人一故事社群。

5 月 1 日：我正式离职，开始进山写书。

四个月青空筹建期间，我一次性同时管理 30 多人的团队，主要包含 15 名义工团队、11 名付薪员工（包工队、会计、设计师、店长、门卫、清洁阿姨等）、股东若干。

【附】义工旅行感悟一文

## 你为什么要来，为什么不走？

文 / 看风景 De 路人

你为什么要来丝路长安青年空间做义工？

你有一个文艺的梦，想要深度旅行，想要学习墙绘花草花艺，想要积累创业经验，以后开一家属于自己的文艺小店，想要寒假不只是和老朋友聚餐喝酒……想要做点有意义的事，想要见证梦幻一点一点变成现实的全过程。

你来了，有点期待，又有点失望。

这里的义工朋友，尽管来自天南海北，性格迥异，有单身狗也有成双成对的，但一点都不妨碍我们在一天之内打成一片、抱成一团。尽管我们吃的口味，喜欢的东西各不相同，但总有一个跟你一样重口味，有一个跟你一样喜欢吉他，有一个跟你一样喜欢唱歌，有一个跟你一样喜欢看书，有一个跟你一样喜欢安静……

到喜欢的地方来，遇到了喜欢的一群人，很期待，和他们一起做喜欢的事。

可是，没有 Wifi，没有 24 小时的热水。

第一天，在满是灰尘的房间里撕了一整天的壁纸，发现撕壁纸其实是件枯燥难熬的体力活。

第二天，给电工做助理，接灯罩，递灯泡，开灯，接灯罩……搬灯罩……

第三天，擦窗户。小铲子，钢丝球，刷子，去污粉，热水，全都用上，该污的地方还是污……一遍不行两遍，三遍……

第四天，刷马桶！同上！只是更污！……

听说，这还是好的，之前的活更累。

在这里的第一个朋友先行离开的时候，迟钝的你，还来不及想到挽留。

沉默的夜里，你问自己：

你在做什么？你为什么还不走？

你看了看之前打扫过的地方。咖啡厅初步成形，地板和天花板已经铺好，撕过壁纸的墙面已经刷白，拆了灯罩的灯泡照得格外亮堂，整栋楼的扶梯被刷洗干净，厨房电器也添置好，可以自己做饭，义工寝室基本都已经收拾整齐等待后来的义工入住……

从什么都没有，到这些一点点的小变化。

你想了想这些天来遇到的人。火爆的东北妹纸给每个人带了小礼物，你选了你最爱的特警公仔；表面文静内心火热的河北妹纸，陪你在天台晒太阳看书听你唱淡淡的歌；“西安通”带你领略美食小巅儿峰，让你感叹白在西安待了三年；见了吉他就两眼放光的总设计师，教你帅气的指弹还一边感叹大学的自由时光……

万能的义工头“吴老大”对你说：你想做什么就去做什么，不要勉强自己。

雷厉风行的yo姐对你说：你不要去和别人比，你得跟自己比。

第五天，终于开始墙绘。

先给墙打底色。把颜色涂平，并不像看起来那样简单。一遍不行两遍，两遍不行三遍……总共四遍，历时两天。非设计专业出身的你，只能帮忙涂个底色，那也很满足。

第六天，休假。

西安一夜变长安。

在西安上学三年来的第一场大雪，你人生中的第一场大雪。

去疯去闹去摔跤，不傻不错不甘心。

做义工的这些天，你早睡早起，都忘了这两年来的夜夜失眠；你们一群人，行走在冬夜的冷风中，才发现钟楼的地下通道零点会关门；一群大孩子蹦哒着，大喊着自拍，全不顾旁人的眼神……

也许你内向，口头表达总是词不达意，所以你喜欢用文字表达；也许你面子薄，当人口若悬河时你总是安静地听；也许你喜欢骑行，既能随心掌控速度，又能不错过沿途的风景。只要知道终点在哪里，大方向不错，不停止脚步，就会到达你想去的地方。

你该是什么样的人，就去成为一个什么样的人，否则，会痛苦，会焦虑。你就是你，你的存在本身就是意义。

你想做一个安静的聆听者，一个不打扰风景的看客。所以你希望有那么一个地方，坐在那里，享受午后温暖的阳光，喝着一杯咖啡，翻阅着那些世间美景，听着别人的故事……

而那个地方是你自己亲自参与打造的，从什么都没有，到最后变成你想要的样子。

这个过程，会流汗，会痛苦，会流泪，更会幸福。

你为什么不走，因为你在等待。

等待一个过程，而不是结果。

到来，

等待，

离开，

都好。

# 青旅别了，青空再见

——致万名网友的一封信

亲爱的网友们，大家好！我是行者小强！从去年4月新西兰回国至今，已有13个月半。从环游世界的行者到青旅青空的创始人，貌似已蜕变为创业者，实质上从未改变过，做青旅只是自己环球路途上的一个驿站。但创业的经历，角色的暂时转变，也给我的人生增添了不少色彩！

从13年12月17号踏上新西兰版图的那一刻，我就计划着努力工作，为非洲和欧洲之行筹备旅费。在2015年3月离开霍比特人故乡时，积攒的旅费已达10万元人民币，足以可以支撑我未来1年的志愿非洲和游学欧洲计划！

然而在新西兰的2次车祸让我对自己环球旅行梦想开始重新定义，也让我对活着的意义和人生的方向有了更加深入的思考。行走了6年的我，尤其是新西兰的点点滴滴，让我突然意识到环球旅行并不应该是自己一个人的梦，更不应该是从一个国家到另一个国家的停留，它应该有着更多更广泛的含义和意义在里面。不得不承认，在一段时间里我找不到自己环球旅行的意义，我甚至恐惧有一天自己的环球旅行结束了，还能干什么。而就在此时网友们不断给我留言，向我咨询有关WHV的各类事项，我能够深切地感受到他们对新西兰打工旅行充满着期待，有多么向往这种颠沛流离的自由。

国内青年人对外面世界的渴望，再加上我在新西兰和美国的所见所闻所感，冥冥之中，我的内心开始被另外一种东西占据着——我的环球梦也应该是很多人的环球梦。这时我便更加坚定了以前的设想——创建“小强环球旅行基金”，也让我有了新的想法——设立“小强环球出国资讯平台”。

如何创建“小强环球旅行基金”呢？必须有钱又有名。如何有名呢？通过营销推广自己的旅行，不断积攒人气，创建小强环球品牌，为筹集环球旅行基金做准备；如何有钱呢？用钱去生钱进行创业，用所得的钱投入环球旅行基金，作为基础基金。

如何设立“出国资讯平台”呢？通过一些特殊的旅行签证：国际大学生赴美、赴日、赴韩实习；新西兰、澳大利亚打工旅行；非洲国际志愿者；欧洲免费研究生；国际打工换宿等，让出国旅行不再是一种奢侈品，而是生活的一部分，让环球旅行超越年龄和英语的限制。

于是我选择了回国创业，回国做青旅青空，目的是搭建一个“一点一线”的交互商业模式。什么是“一点一线”呢？所谓的“点”，就是在中国的香格里拉、桂林、西安等城市接待点设立旅行驿站，同时在美国的布兰森、新西兰的皇后镇、非洲的肯尼亚等各个国外接待点也设立旅行驿站。所谓的“线”，就是针对中国人设立赴美、赴日、赴韩实习；新西兰、澳大利亚打工旅行；非洲国际志愿者；欧洲免费研究生；国际打工换宿等旅行线路，针对外国人设立国际赴中打工旅行、国际汉语学习、国际游学项目等旅行线路。那什么是“交互”商业模式呢？所谓的“交互”，就是通过中国和国外的旅行驿站和旅行线路的设立，创建一条双向交流互动式的旅行网络模式。

虽然“理想很丰满，现实很骨感”，但是我依然坚信，能把美好的东西变为现实是一件很幸福的事。

小强环球平台的搭建中，资金是我们最大的困扰，但整个工作室一直就这样无偿地坚持着，“小强环球旅行基金”是我们工作室的源动力。我时常对工作室的人说：勇敢地托起别人的梦想，有一天别人也会成就你的梦想！

青旅和青空是工作室规划的一个点，既是我们整个环球梦的需要，也是在为网友和自己搭建一个创业的平台！自己以投资人和创始人的双重角色出现，但我并不会去做一个青旅经营者或者说商人，一旦青旅和青空框架搭建完毕，我就立即撤出，交给其他股东去管理运营，我是一个从来不做掌柜的青旅老板！我的梦想需要我不断在路上行走。

第一家青旅有15名股东，第二家有5名股东，第三家青空有14名股东，现在我只是其中的一员，只保留了创始人的身份，不再担任任何监事或者董事职位，我的股权也将交与工作室打理，全身而退！我本人在5月1号以后，不再参与创业，专心在终南山写书，圆自己一个出书的梦，随后继续环球旅行！

别了青空，我的下一站是终南山写书。为什么想去终南山写书？

1. 一年的创业让我感受到了人性的复杂和面对利益时人性的脆弱，现实的骨感一步步蚕食着我的价值观，我觉得是时候走了，我想好好思考以何种人性活在世间；

2. 再继续创业下去，项目会推着我往前走，而非我推着项目往前走，我不想在创业中迷失！

3. 27岁的我想看看过去的路，写一本自传或者青春启示录，让自己的回忆保留下来，同时也给处在迷茫中的青年人以青春的启示；

4. 终南山是一个隐居的地方，我想找一些高人探讨一下思想或者精神之类的东西，同时也给自己一个安静写书的地方！

2016年5月1号我已退去丝路长安青空总负责人的职位，青空的方向由高飞和芳子共同把控，另外2家青旅我也不参与任何运营管理，愿网友们继续支持我们的青空和青旅，也愿青空和青旅一切安好！

未来2到3年我将在行走的路上，望网友们继续关注我的旅行，谢谢大家一直以来对我和工作室的支持！非常感谢！

行者小强

2016年5月20日

终南山书房

# 小强环球全国巡讲系列

策划团队：小强环球工作室

巡讲性质：公益分享

巡讲主题：旅行、创业、写书

巡讲场所：大学、书店、青旅、微信群（线上）

巡讲场次：四季共计 132 场（线下 75 场、线上 57 场）

巡讲规模：高校不低于 150 人，微信群不低于 200 人，书店和青旅不低于 40 人

第一季小强环球全国巡讲

……

第二季小强环球全国巡讲

……

第三季小强环球全国巡讲

巡讲日期：2016年10月15日～12月20日

巡讲题目：《间隔年在新西兰》新书签售会

巡讲内容：迷茫的我们何去何从、穿越时空的亲情、搭车南下搞基之旅

传递价值：精神比梦想更为重要

巡讲场次：28场（线下）

巡讲站点：

桂林：桂林旅游学院（4场）、纸的时代书店、阳朔凤尾竹青旅

广州：广州城建学院

湛江：广东海洋大学（2场）

杭州：浙江农林大学、杭州电子科技大学、青巢客栈

九江：江西九江学院

新余：江西新余学院（2场）

郑州：郑州大学升达学院、生命粮国际文化俱乐部

成都：成都西华大学、梦之旅青年旅舍

重庆：洛克青年空间

西安：西安航空学院、西京大学、陕西师范大学、三木凯撒青旅

兰州：兰州交通大学、兰州理工大学

银川：北方民族大学

北京：字里行间书店

第四季小强环球全国巡讲

……

线上分享会

分享时间：穿插在全国巡讲期间

分享题目：《一场说走就走的打工旅行》《一年之内如何众筹两家青旅》《如何在三个月内出一本书》《寻访终南隐士》等

分享方式：微信群、直播间

分享场次：57 场

承办公号：乔布简历、思享空间、出国自助游攻略、安雅旅行、公益骑行、义工大联盟等 57 个订阅号

## 趣味小故事

第一季郑州大学站，分享会提问环节，一名学生问我：“小强，你是哪个学校毕业的？”

我：“桂林旅专。”

学生：“没想到您这尊大神竟然是专科生？！”

我："现在我们学校已经升本了，叫做桂林旅游学院。"

学生："还是没听过。"

我："如果你因为郑州大学而骄傲，那么你是个平凡的人；如果有一天郑州大学因为你而骄傲，那么你就是一个非凡的人。这就是平凡与非凡的区别。"

第二季南方科技大学站，分享会场地在3楼，当我沿着楼梯往上走的时候，听到有一些学生在议论：

"听说今晚有个富二代要来讲他环游世界的故事，又要来吹牛逼了！"

"……"

于是，分享会开始后，我先跟大家解释了我的家庭背景：

"大家好，我是行者小强。刚在楼下听到有人说我是富二代？看来我要另那几位学生失望了。我并非什么富二代，我父母都是来自农村，我从小也在农村长大。我能够走出国门完全是靠着自己的双手。并非只有那些富二代可以去环游世界，我们也可以。今天的你可能就像三年前的我一样是一名学生，但几年后也许你会成为一名背包客，再之后有可能就成为一名环球旅行家。当你有一天找到自己的人生方向时，或许你还会去创业，然后写一本自己的书。你的世界一直掌握在自己的手中，与他人无关，与父母也无关。还有一点，我今天来不是吹牛逼的，我只是想传递一种观念，希望大家能够相信奋斗的力量。环游世界已经不再是一种奢侈品，如果你愿意，你也可以。请坚信，未来的世界只能你自己去创造，与他人无关。”

第二季宁夏理工大学站，分享会原定晚上7:30开始，结果等到7:40了还没开始。这时，坐在我旁边的一个学生问我：

“同学你好，我问一下，今晚的分享会怎么还没开始？是不是分享嘉宾不来了？”

我说：“或许他已经来了。”

当分享会开始的时候，他看到我走上台的时候一下子愣住了。

所以我就顺便把这个故事分享给了宁夏理工大学的学生，我问他们：

“我像一个学生吗？”

他们说：“特别像，像我们的学长。”

我笑着说：“对，三年前的我就是一名学生，现在的我还是一名学生，因为我一直走在尝试和学习的路上。只不过三年前的我，一直是呆萌呆萌的，现在的我已经被创业折磨成一个沧桑的大叔。刚才听到有人叫我同学，感觉好亲切，感觉又回到了学生时代。我应该感谢你们！”

第三季陕西师范大学站，新书签售会的现场，有学生问我：

“我已经关注你一年多了，你的订阅号说你在读大学的时候是一个学渣，还被学校留校察看处分，你现在怎么可能会去写书呢?你的书是不是别人代你写的，然后在上面署上你的名字：行者小强？”

我当场回答说：“我们这种学渣就是专门写书给你们这种学霸看的。不过你也可以写一本书给我这种学渣看看。”

然后对方略显骄傲地回答说：“我经常看英文版的书籍，一般不看中文版的。”

于是我又来了一句：“我的书写的是新西兰，里边中英文都有。”

然后周围的人听完全都笑了。

第三季广东海洋大学站，分享会上当我提到在新西兰“一路搭车南下搞基之旅”的时候，大家在底下开始各种起哄：

“强哥要在一起哦！一定要幸福哦！”

“强哥你被掰弯了吗？”

“强哥，那个新西兰帅哥是 0 还是 1？”

各种问题五花八门，突然感觉中国的大学生好开放，奔放不羁的脑洞让我折服。

## 感动瞬间

第二季河北经贸大学站，有一个石家庄的网友专程开着车来到郊区的大学门口，很早就开始在那等着我的到来。当我下公交车的时候，他就赶紧跑过来说：

“强哥？是强哥吧？我是你的粉丝！能给我签一个名吗？”

我说：“我从来没给别人签过名，尤其你还是一个男生。难道你想搞我吗？”

对方笑着说：“强哥，我不搞你。我只是想要个签名。”

我又问：“你为什么想要我给你签名？”

对方说到：“因为你是我的偶像啊！你去环游世界，你去开青旅，你做了很多我想做却没有做的事情，所以我想要你的签名。”

我说：“可是我的中文写的很烂，我可以签我的英文名 Bruce Li 吗？”

“可以。”

……

在当天晚上分享会的现场，我就突发奇想，以这样一个故事作为开端。我说：

“同学们好，你们今年都多大了？”

很多人都说是 20 多岁。我接着说：

“那你们在这20多年里，在自己的身边有没有见过什么巨星啊、偶像啊之类的？”

大部分人说没有。我继续说：

“所以我告诉你们，我们周围更多的是普通人，并不是那些巨星偶像之类的，即使你身边真的有一个巨星或偶像，你会发现，其实他也只是把自己放在了聚光灯下，把他的光和热散发出来，但是他背后的无奈和脆弱你能看到吗？如果有一天把你放在聚光灯下，把你的光和热散发出来，你也可以成为巨星，你也可以成为偶像。所以与其说让别人成为我们的偶像，倒不如让我们成为别人的偶像呢？只不过我们是一个尚未挖掘的潜力股，等待着时间沉淀而已，等到有一天我们登上了历史的舞台，我们也将耀眼夺目。所以请坚信，你才是自己心中最大的偶像。”

第三季江西九江学院站。下午四点左右，我在微信上发布了一个动态，说我已经抵达了九江学院，准备晚上的签售会。一个叫做寥小佩的网友看到我的动态后，马上就跟她的三个朋友一起从南昌坐动车赶到九江。

当天晚上在签售会的现场，我问她们：

“你们为什么要这么远赶来参加我的签售会呢？今天晚上还要再赶回去。”

她说：“因为你让我看到了实现梦想的可能性，环游世界不再那么遥远，有一天我也可以。有时候感觉你就像我的影子一样，写书、开青旅、环游世界都是我想做的，结果你都做到了。今天我想靠近这个影子，让它继续影响我，鼓励我前行。”

她的第一个朋友说：“我听寥小佩说了你的经历，瞬间觉得，哇，你好厉害，好牛啊，所以想过来崇拜一下。另外因为从来没有参加过签售会，想感受一下签售会现场的氛围。”

第二个朋友说：“我是一名创业者，当我了解到你那么年轻就众筹了几百万开了2家青旅1家青空的时候，我发现你好厉害，好牛。我也是来自农村的，也希望有一天自己能够创业，所以今天我是来学习的。”

第三个朋友说：“我今天来就是想要一本你的签名版新书，上面有我给我女朋友的一段寄语，作为送给她的新年礼物。”

第三季成都西华大学站和梦之旅青年旅舍站。我在微信朋友圈告诉大家我已抵达成都，于两天后要在西华大学做签售会。结果马上就有一个叫做卢琪的网友微我：

“我可以参加你的签售会吗？”

我语音回过去说：“当然可以啦。”

然后她突然情绪变得非常激动，说：“天呐！偶像啊，你在和我说话吗？！这是真的吗？！你在和我说话吗？！”

我说：“首先我不是你的偶像，其次，这是真的。”

她马上说："你来成都了，对这里不熟，我要来保护你！让我来保护你！你告诉我，你在哪里？你在哪里？！"

我马上说："不用了不用了，我一个人这样惯了。"

她又说："不要不要。你告诉我你在哪住？我要做你的向导！"

我说："我现在在梦之旅青年旅舍住……"

还没等我说完，她又说："行了，你别说了，我现在跟我的老板说我有重要的事要休假两天，我要来参加你成都的签售会，我要来保护你！"

我说："真的不用了！你要再说我就要挂微信了，我就不敢见你了，怕你经常围着我转。我喜欢一个人，我习惯一个人。"

她马上说："不要不要！强哥啊，你不要这样。"

我说："真的不要这样啦。"

她无奈地说："好吧好吧，那我不跟我们老板请假了，那你说你需要啥我给你买？！"

我说："不用了不用了。"

……

所以她就没有来西华大学的签售会，但第二次在梦之旅的签售会她来了，因为正好是周日。正好那次缺了一个主持人，我就让她做主持。在主持中，她说：

"我强哥是一个很有实力的人，他应该走向更大的舞台，让更多的人看到他的光和热，他真的是一个非常有正能量的人。每天我在睡前都会看一下他的书来激励一下自己，我要向他学习，像他一样坚强。我不能一直这样，甘于做一名化妆品销售员，我要像他一样活得有色彩，所以我要去澳洲打工旅行，目前正在备战雅思。”

签售会结束后，她就送我了一整套澳洲原装的化妆品，还语重心长地跟我说：

“强哥，一定要懂得护肤，一定要懂得保养好自己，你将来可是要成为很多人的偶像哦……”

我一看，里面有各种保湿的、滋润的、去皱的乱七八糟的一大堆，我说不用了，我从来不用这些东西的。她说：“那你也要用，我的偶像要懂得保养自己。”

后来又聊了好多，总之，她的关心让我备受感动，她的名字叫卢琪。

她给我的感觉就像是小粉丝见到大明星那样的性格，但是后来了解到，她是做销售的，平时的性格其实是相当的成熟稳重。我问她为什么见到我会这样，她说因为我触动到了她内心深处的梦想。

## 经典问答

在全国巡讲期间，有三个问题是网友提问频率最高的，在此做一下简单的解答吧。

**问题一：我也想环游世界，但我的父母不同意怎么办呢？**

回答：其实我也一样，像我在高中寒暑假时想去全国各地玩，包括后来长大一些想去国外旅行，但我的父母基本上都是不同意的。怎么说呢？举个例子吧。当我大三想去美国实习时，我给我爸打电话。

我说："爸，我想去美国工作。"

我爸说："你是不是进什么传销组织了？传言广西是传销窝点。"

我说："不是，我的很多学长学姐也都去过。"

老爸说："那你去美国干啥呢？"

我："我想去美国学习英语，将来回国后做英语导游，同时还可以在那边工作赚钱。"

后来我父母就同意了，第二天就给我打过来了四万块钱。

所以你在和你父母沟通的时候，尽可能地说他们感兴趣的话，你父母对什么感兴趣呢？对你的学习感兴趣，他知道你去美国是要去学习英语。还对你的什么感兴趣呢？对你的工作感兴趣，回来我要做英语导游，学好英语也可以赚到更多的钱。所以你会发现，跟你父母沟通时一定要有技巧，说他感兴趣的话题。这样的话他就会同意。这是我要说的第一点。

第二点是，也许一开始你的父母对你所做的事情不理解不支持，但是没关系，你一定要努力，等有一天你把事情做的很漂亮，实现了财富的自由，你可以完全独立的时候，你的父母也许才会真正地支持你。那一开始为什么不支持你呢？因为那个时候你就像一只小鸟，你的翅膀也许还没完全硬起来，一个人飞出鸟笼时难免会受伤，所以他们要保护你，你也要理解父母的苦心。但是当你真正能够飞出鸟笼翱翔在天空中，不用再靠他们的时候，那时他们会很高兴，因为你独立了。

**问题二：我也想去你开的青旅做义工，不知道有什么条件或要求没？**

回答：我们两家青旅，一家青空，全年都会招募义工，尤其是寒暑假的时候，我们还会额外增加十家以上的青旅供你们选择，圆你们一个义工旅行的梦。

义工条件主要有三项：第一项，愿意吃苦耐劳，能干一些杂活，比如说像打扫客房，做前台，做饭等；第二点是你至少要做一个月；第三个是如果你有一些特殊的技能，比如说英语和弹吉他，这样会更好。

当然，青旅也会为义工提供一些福利，第一个是免费的食宿，住的话是床位房，吃的话一般是买菜做饭，材料费是青旅出；第二个是休假，一般是工作 5 天，休息两天，休假时青旅可能会提供一些交通工具和免费的景点门票；第三个是，它会教你如何做客房，如何做前台，提高你的工作能力，当然也可以交很多路上的朋友。

**问题三：强哥你有女朋友吗？什么时候结婚？听说你在第一本书里说你是不婚主义？你的感情状况怎么样啊？跟大家说说呗！**

回答：目前没有女朋友。我确实在《间隔年在新西兰》这本书里谈到，我是一个不婚主义者，崇尚一种柏拉图式的爱情。目前我是单身状况，至于未来怎么样我也不知道，但我将来可能不会找中国人，有可能会找一个老外。主要是因为，我想要的生活在国外，我想要的事业在中国。因为外国人比较简单，而中国人相对来说比较复杂，所以我将来有可能会找一个老外结婚，但婚后绝对不会生子，会领养一个小孩。

## 结　语

在全国巡讲期间，经常会有很多承办方这样问我："尽管我们提供食宿接待，但交通费等一系列其他费用也不少，你们为什么还要贴钱去做分享？"

我说：其一，我想传递一些理念，比如说"旅行是人生最好的一种投资""精神比梦想更为重要""回到原点，人只能做自己"。其二，我想扩大小强环球工作室的影响力，同时也推广一下两家青旅和一家青空，为以后的小强环球旅行基金打下基础。其三，我想告诉一些年轻人，我们除了追求自由之外，还应该有一种家国情怀，肩负一定的社会责任。

河南工业大学站

若想了解更多信息，请在优酷视频上搜索：小强环球之全国巡讲

# 访谈录：创业在路上

访谈人：中青报记者王妍鸽

访谈对象：行者小强

访谈时间：2016 年 9 月 12 日

**记者：小强环球工作室成立也有两年了，成立工作室的初衷是什么，现在还在坚守着初心吗？**

行者小强：小强环球工作室的初衷是想创立“小强环球旅行基金”，用于帮助中国的青年人走出国门走向世界。

小强环球基金的想法源于我在新西兰 Motueka 小镇的一次车祸。和死神的擦肩而过，让我对人生进行了很多的思考。生命是很脆弱的，人终有一死，那我们活着的价值该在哪里，我们生难道只是为了死然后化成一捧尘土？在养伤的那段时间里，不断有网友给我留言问候。其中有一个网友问了我好多关于在新西兰打工旅行签证的事情，问得非常的详细。我能感觉到他极度渴望走出来。突然间，我好像顿悟了似的。其实人活着得有点价值，这些价值不在于自己，而在于对他人的意义，我的环球梦也应该是大家的环球梦。所以那个时候我便有了一个设想，创办一个专门服务于国内年轻人的出国资讯平台，也就是现在的“小强环球工作室”。

关于初心，其实以前有人问过。小强环球工作室成立两年来，我们已经帮助了 40 多个人拿到了去澳大利亚、新西兰的打工旅行签证，帮助 4 个人获得了赴美带薪实习的资格。我想这些数据还是可以证明我们的初心没有改变过。

**记者：工作室具体是怎么建立起来的？团队成员的情况又是怎么样的？**

行者小强：工作室最初建立起来时，我还在新西兰农场干活。因为时间精力很有限，又没有钱，所以我只能请朋友帮忙。找了高中的朋友，大学的朋友。我把自己对工作室的各种想法计划告诉了他们。他们很愿意支持我，但是我也清楚，他们更多的是出于一种情谊来帮助我，并不是工作室的前景吸引着他们。就这样，我们摸着石头干活，开始做了起来。大学时，我在学校还算小有名气吧。所以后来又陆续找了几个学弟帮忙，但往往都是一段时间就被我 PASS 了。因为我做事比较急，容不得一点拖拉、应付。

工作室真正走向正规，迅速发展是在15年4月我回国后，我暂时停止了行走，把时间全部投在上面，几个月时间粉丝就增加了6000人左右。现在差不多已经一万人了，每篇帖子的浏览量平均在1000+。工作室现在固定的成员有Alex Hong 、Sam、狼鹰牛、小吴。这些人为工作室做了很多，也没有拿过什么报酬，很感谢他们，借这个机会，也真诚向他们说一声：谢谢。

**记者：工作室的建立源于一种情怀，但它的发展离不开一种商业性的运作，工作室有什么盈利的模式?**

行者小强：说实在，工作室目前还真没有做过什么商业性的活动，所以工作室的成员也一直就没有薪水。但正如你所说，工作室要发展，势必还是要进行商业性的运作。我通过众筹的方式入股了三家青旅，我在这三家实体的股份是归工作室所有的，就当前来说，三家实体的股权分红以及我将来出版的书版税就是我们的盈利源。

**记者：三家实体的运营状况如何？你对他们的信心和期待如何？他们和工作室又是什么样的关系呢?**

行者小强：三家实体分别是青旅“在云端”、“凤尾竹”，青空“丝路长安”。香格里拉“在云端”虽有部分盈利，但由于前期投资成本高，淡旺季明显，回本周期较长；桂林“凤尾竹”今年已经开始盈利，由于投资成本低，回收成本也比较快，并准备进行二期扩建；西安“丝路长安”的话，虽目前的后期发展不尽如人意，但营业四个月就已经实现盈利，且已拿到一次分红。如果问我对三家的信心和期待，当然还是有的，但是这取决于后期的经营者是否既带着情怀，又带着恒心毅力走下去。

工作室和青旅青空共同构成了“一体三翼”的小商业格局，“一体”指的是工作室，“三翼”指的是两家青旅一家青空。小强环球工作室既为青旅青空筹集资金，招募人才，同时也为它们进行营销和推广。青旅青空也作为工作室“一点一线交互商业模式”的旅行驿站出现。

**记者：你的创业资金从哪里来?**

行者小强：小强环球工作室的创业资金全部是我通过 WHV（国际打工旅行）挣来的，我虽然没有给家里创造什么收入，但目前我的所有创业也没有花我父母一分钱。顺便也给大家说一下，WHV 是一个很不错的赚钱方式，平均一个月差不多一万二的人民币。同时还能享受异国风情，真的很希望年轻人都能出去体验一下。而青旅青空的创业基金则是通过网友众筹而来的。

**记者：青旅青空创业中最大的困难是什么？你是如何解决这类困难的?**

行者小强：最大的困难是如何打造一支稳健的、高效率的团队。青旅青空的团队主要是通过小强环球自媒体发布招募合伙人的帖子来组建的。在招募过程中尤其要注意的是价值观方面。我创业的价值观主要是两个：旅行是人生中最好的一种投资；勇敢托起别人的梦，有一天别人也会成就你的梦想。认同我价值观的人才能成为合伙人，也才能进入到团队。当然，这之间的磨合是需要很长时间的。每一个想要参与的人都必须来到店里无偿做义工。只有通过面对面的相处和做事才能真正相互了解和认同彼此，这样能够留下来的往往就是适合和我一起创业的。

在创业中还要特别注意制度的确立，尤其是在合伙人制的创业中，一定先确立规则，股权和管理权必须分开。否则在后期尤其是在利益划分中会出现严重问题，甚至可能导致崩盘。这是血的教训。

**记者：创业过程中，你为何花了三个月的时间来做全国巡回演讲？巡讲的性质是公益的还是商业的？**

行者小强：小强环球全国巡讲完全是一种公益性质的，我最初的目的很简单，就是想传递理念，因为自己不是名人，所以只有当自己的很多故事被人知道后才有可能被人接受。当然，也希望通过巡讲去宣传一下自己的自媒体平台和青旅青空。在当下自媒体与创业是不可分割的。两季巡讲差不多去了 20 多所高校，40 多个场次，整体反响还是很大的。期间有两个故事，我印象特别深刻。一个故事是在我去深圳某高校分享时，在走廊里听到两个学生在交谈，一个说我们晚一点去听听一个叫小强的富二代如何装逼。还有一个故事是在河北经贸大学，我去做分享走到校门口时，被一个网友拦住，问我索要签名，说了很多我对他的影响。那时候我很真切感觉到自己的价值，这也是我平生第一次给别人签名。所以，你并不是被每一个人理解和认同，你也不是被每一个人讨厌和轻视。

**记者：经历了一年多的创业，你最大的感受是什么？**

行者小强：人性的复杂和为利益时的迷失。古人说："马上打天下易，马下守天下难"。创业的过程也是如此，创业难，守业更难。我们在建设青旅或者青空的过程中，大家都很给力，但青旅青空运营后，各种有关利益分成，有关管理权力的问题就不断出现。为此，发生过撤股的事情，发生过开除店长的事情。

**记者：创业给你带来的最大改变是什么？**

行者小强：最大的改变是能够多视角看问题了。因为创业过程中参与的人数比较多，要和各种人打交道，各种人之间又存在利益、价值观等各方面的差异。作为其中的主导者，这个时候就需要站在不同的角度，将心比心去平衡、协调，慢慢地 自己在处理问题时的格局就发生了变化。我很快离开青空也是想跳出来，站在更开阔的层面来反思自己。正所谓当局者迷，旁观者清。有时候放下来了，跳出来了，人生的智慧也跟着就来了。

**记者：听说你退去三家店的联合创始人身份，归隐终南山，为何？**

行者小强：退去创始人，是我在做青旅之前就已经打算好了的。我喜欢创业，也需要创业，但我不会在店里做一名店长。我是一名行者，路才是我的家。所谓归隐终南山，只是一种说法，我在终南山一方面是想静一静，看看书，好好思考一下自己的人生，认识一些关于人性的东西，同时自己也想找个安静的落脚处写一本书，终南山是一个很好的选择。我不会做隐士，但也不会随波逐流，更不会被这个世界所改变。

**记者：你的书写好了吗？写的是关于什么的？**

行者小强：我的第一本书《间隔年在新西兰》已经完成，这本书汇集了我在新西兰颠沛流离的生活，是对我新西兰打工旅行包括各种人生思考的一个完整的呈现。这会是一本很有意思充满故事性和哲理性的书，预计十月份就要出版。

**记者：什么时候正式发售，能送我一本吗？**

行者小强：能够让美女阅读，我心之所愿，就是怕你读了之后辞职去新西兰。到时候中青报会找我麻烦。

**记者：还不到30岁，你进行了环球旅行，创了业，出了书，你如何评价自己？接下来还有什么计划？**

行者小强：从环球旅行到创业再到出书，这是我一步步的规划，我很庆幸自己都将其一一实现了，我不觉得自己有多成功。我更像一个还在成长的小孩，非常渴望看看外面的世界。我就是不想停下来，我想在活着的时候尽可能去实现自己的价值，去尝试新鲜的东西。生活是一种不断往深处的触摸，我接下来要去澳大利亚打工旅行，然后去非洲做志愿者，之后还会努力争取去欧洲免费留学的机会。我想为中国的广大年轻人探索更多的出国路径。第一本书发行之后我还会出版第二本书《我不想被这个世界改变》。顺便打个广告：如果说第一本书《间隔年在新西兰》只是我行走过程中的一个点，那么第二本书就是我的一个完整面。它有青春励志的味道，如果有哪位网友还在迷茫，还不知道自己的定位，这本书我想会带来不少启示。

**记者：非常开心能够听你讲创业的故事，相信行者小强的经历一定会给有志于创业或出国的广大网友带来启示，再次感谢小强接受我们中国青年报的采访，谢谢。**

# 第五章 修行在终南

回到原点，人只能做自己，尽管做自己很难。——行者小强

# 我在中山寺修行的这段日子

2016 年 5 月 20 日，我来到终南山脚下，对于我这样一个超级武侠迷来说，这是一个特殊的日子。兴奋之余的我依然记得，2014 年暑假，当我在新西兰打工旅行时看到腾讯新闻里关于隐居终南山的报道，立刻热血澎湃，心怡神往。没想到这次终于真真切切地来到了这里，来到了武侠剧里面神秘的“活死人墓”。几经周折后，我便踏上了修行之路——中山寺。

## （一）没水、没电、没网的日子

初夏的山林风景绝美，犹如涂彩的山水画。我背着沉重的行囊，脚底下却健步如飞，这种犹如探险一般的刺激感让我兴奋异常。

一路穿过峡谷瀑布、河流丛林。步行 1 小时后，一片绿色的竹林出现在我的面前，穿过竹林间的小径，就看到了一座古色古香的寺庙，匾曰“中山寺”。此处茂林修竹环绕四周，目之所及，崇山峻岭。顿时感觉神清气爽，心旷神怡，刚刚一路跋涉的劳累一扫而空。心里暗自欢喜：此处正是我要找寻的地方！

之前只知道这里无水无电无信号，当晚住下后，才知道，除了白天有松鼠，晚上也有老鼠，而且不止一只，而是一家子。如果说老鼠也有灵性，那我只能认为它成精了。在这里，看来是真的要学会与自然和谐相处了。然而，十分钟后，我反悔了。太猖獗了！我被老鼠吵得实在不得安宁，那种声音真的就像有几只长了翅膀的大耗子在屋顶飞来飞去，真的一点都不夸张，而且一会走直线，一会走曲线。我对自己的安危深感忧虑，总担心随时会被攻击，于是我也做好了随时进行反抗的准备。后来我终于忍受不了了，起身拿起一根木棒打走了一只，结果过一会又来了。无奈之下，我只好点起蜡烛，终于安静了几分钟，后来竟然又恢复了之前的猖狂。看来老鼠不是没拿我当不速之客，而是直接视我为无物！于是我当下就做了决定，一定要与尔等鼠辈战斗到底，竟敢无视我的存在，这对于本来就严重缺乏存在感的当代小青年来说简直是奇耻大辱！于是我开始琢磨着是弄老鼠药呢还是老鼠夹……就这样在恍恍惚惚中捱到了天明，已经分不清梦境还是现实，眼前不停闪现着人鼠大战的场景，红红火火，恍恍惚惚。直到一丝来自天边的光亮闪过，我被惊醒。天亮了。

迷迷糊糊中我起床去厨房做饭。吃饭的时候我急忙跟杨居士（中山寺的唯一守护人）哭诉，“我知道出家人不能杀生，那能否许我搬到前院去住？”杨居士一听就乐了，问：“你怕老鼠吗？”欲哭无泪的我实在不知该从何说起，当时我的表情简直就是一个大写的生无可恋。

关于老鼠这个梗，我还专门找了个有信号的山顶发了朋友圈，然后就收到了网友的各种评论和回复。有的网友提议应该和老鼠和谐相处，不能杀生；有的关切地回复说可以帮我在网上买老鼠药邮寄过去；还有的网友劝我赶紧离开吧，要不然说不定真的会爆发人鼠大战，那画面太血腥都不敢想……后来我搬到了前院，然后老鼠就销声匿迹了。我不知道是我放过了老鼠，还是老鼠放过了我。也许它们觉得是我之前侵占了它们的地盘吧。

说到没水，这是真的。杨居士告诉我，院子里原来有根水管，后来可能因为年久失修给堵住了，即使维修也需要叫水管工人专门上山，而我一个文科男，也帮不上忙。那怎么办呢？人总要喝水吧，做饭也需要烧水。有办法！后来杨居士提上水桶，带我来到寺庙附近一处泉水池，这里位于密林深处，距离寺庙大概有 300 米。后来我才了解到，原来古人对于寺庙的选址也很有讲究，基本每一座寺庙附近都会有一处饮水源，或峡谷，或竹林深处，因为这些地方容易积水成泉。想到这里，不禁佩服起古人的智慧来。

水的问题解决了，就该说说如何做饭了。这要说的可不是菜谱攻略，而是如何最大效率地利用有限的资源来做饭。这个很有意思，同时又充满了劳动人民的智慧；厨房里有两口锅，一口锅烧水，一口锅炒菜或煮面。两口锅同用一个灶，并且做饭时同时使用，这样不浪费柴火。等水烧开之后，马上可以舀出一部分到炒菜的锅里继续煮面，而剩下的热水可以灌入保温壶，再剩下一部分用来最后刷锅。这样下来，可以最大化地节省时间和资源，同时也不会造成浪费。

这让我想到了劳动人民的智慧，在这里真是体现在生活的各个方面，单从厨房用品就可以窥一斑而见全豹。先说储存食材，会用一根扁担挑着两个竹篮，悬挂于横梁之上，一个篮子用来放置馒头、饼等干粮，另一个用t t于放置蔬菜与水果。这样做的优点有二：通风干燥、防止鼠类。再说这个厨房里的各种厨具：筷篓、装菜和水果用的竹筐都是用寺庙门前的竹林取材加工制作而成，精美耐用；刷子用的是自己种植的高粱秸秆轧制而成。这样的例子不胜枚举。

劳动人民的智慧结晶都有了，但是还有一个问题：巧妇难为无米之炊。可怜的我自从搬到这里，已经有5天没有吃过青菜了。每顿饭最多就是清水煮面条，加上盐巴和辣椒就得了。无奈之下，我只好徒步1个多小时，来到地藏王庙寻求帮助，让他们帮我采购食材。

第五天是期待的日子，因为采购的100多元的蔬菜和水果终于到了，这下可以美美地犒劳自己了，也可以拯救我因为连续5

天吃不到青菜而不停抱怨的胃了。然而问题又来了，待我抵达黑虎崖（车可以抵达的最后关口）时，一下傻眼了，整整两大麻袋的食材（有西葫芦、萝卜、大白菜、西红柿、土豆、洋葱、豆角、豆腐、黄瓜、芹菜、大肉、调味料、水果等），一是太重，二是也没办法背呀。最后无奈之下，先把食材尽可能多得装进我 40 多升的背包，然后剩下的半袋用登山拐杖挑起来背在肩上。于是我就这样艰难地上路了，我想，这才是真正的“满载而归”吧。路上我每走二里路就需要休息一次，本来 1 个小时的脚程让我足足花了 3 个小时才抵达寺庙。

这些食材应该也够吃一阵了，而这已是来到这里的第五天。回想起刚到这里的第一天，晚上除了老鼠的吵闹和初来乍到的兴奋之外，更多的其实是对于黑暗和孤独的不适应。由于没有电也没有网，晚上 8:00 天就黑了，只能点起古老的蜡烛，看着不停跳动的黄色烛光，我陷入了沉思：难道这就是我一直追寻的安静？环境的安静真的能带来内心的平和吗？如今社会的躁动到底是环境使然，还是人心使然？当代年轻人的迷茫到底源自何处？是缺少一种精神，梦想无处安放？还是看不到希望，也看不到未来的方向？……脑袋里忽然冒出这么一大堆问题，劳累了一天的我此刻反而更加清醒，那种无边无际的孤独感也突然像黑色的天幕一般铺天盖地地向我袭来。我赶紧摸出随身携带的书籍，在微弱的烛光下，就像抓住了救命稻草一般，翻开书的一刹那，我就赶紧逃离了那个黑色的世界，顺着光明之门射出的光亮，进入了书里的另一个光明世界，徜徉、游荡、如痴如醉、认真地欣赏并研究着作者的每一个智慧总结，生怕那个黑暗的孤独世界再把自己拽回去。就这样，我一口气看了八篇文章，连那些之前本来没有多大兴趣的章节也认真地看了一遍，直到睡意渐浓。我突然开始喜欢这样的看书环境，没有任何打扰，而且我之前那种很难集中注意力去读书的毛病竟然消失了，尤其是对于自己不感兴趣的部分。这对于我这样一个永远不安分、性格又急躁的人来说，简直太奇妙了！

每天天未亮，杨居士就开始敲钟，这应该就是所谓的“晨钟暮鼓”里面的晨钟吧。被钟声叫醒的我依然困倦不堪，迷迷糊糊地来到正殿，杨师傅命我点镇魔护法香火，而我此时还穿着拖鞋，担心自己衣着不整，亵慢了佛祖，迟迟不敢进去。加之我之前在国外每周去教堂的经历让我对基督教已经有所倾向，此时心里总会有些许抵触，但最后还是硬着头皮，点了四柱香，同时心里默念，“若有得罪，还请见谅”。之后就是早饭时间，吃的也很简单：凉拌野菜，加炒米饭，喝热水。没办法，寺庙只能吃素斋。

在中山寺的日子说快也快，说慢也慢。每日除了晨钟暮鼓，吃饭修行，就是书本陪伴着我。日子说快，每天也就是同样的事情；日子说慢，每天在看书的过程中都有不同的收获和感悟。看书的过程就像在另一个世界里旅行，那里的时间和空间都没有快慢的限制，就像《盗梦空间》里一段短短几分钟的梦，里面却可以发生几个小时的事情，甚至几天的故事，而再进入更深的梦境，时间会过的更慢，原则上来说，时间是可以向内无限扩展的。这个道理其实在佛法中也有类似的说法，正如这句著名的佛经诗文——“一花一念无量劫，大千俱在一毫端，我纳须弥入芥子，明悟四谛证涅槃。”只不过一个说的是空间，一个说的是时间。

## （二）大自然是最好的老师

第六天，平静的日子被一群突然造访的年轻人打破，同时也给我在中山寺的这段日子平添了不少乐趣。

这一天中午，我正在睡午觉，忽然听到窗外一群年轻人在叽里呱啦地说着什么，被吵得辗转难眠之后，终于还是决定出来看看，顺便跟这些客人打个招呼。结果没想到大家一见到我，突然都现出惊讶的表情，同时问道：“你就是杨居士口中所说的在这里隐居写书的高人吗？”我一听，心里一乐，兀自笑道：“我哪里是什么高人，我只是一只打不死的小强而已！”于是大家释然一笑。后来经过聊天，才得知，原来他们是宝鸡文理学院的学生，专业是地质勘察与遥感技术，此行是在太白古道进行山林实地考察，由老师带队，进行实地遥感测量实验。后来大家相谈甚欢，于是我与他们一起下山拜会欧文老师，并得到同意，与他们第二天一起参加此次考察，并约好翌日早上 9:00 在中山寺汇合，而我只需要提前备好干粮就行。

翌日早上九点，这队学生由老师带领，准时来到了中山寺，而我早已等候多时。于是我们一起继续前行，开始了我们的“探索之旅”。这样的情景对于我来说特别怀念，因为它让我想起了自己在大学时带领“风雨无阻”户外探险俱乐部的成员一起在桂林的山林里进行探险的情景，而这一次，我是参与者的角色。我们的队伍先徒步行进，爬行了5公里，来到“下白云”，后来又行进了3公里，来到了“上白云”。专业又细心的欧文老师边走边和大家讲解：植被会随着海拔的升高而变化，一般来说，植被会受到湿度、温度和阳光的影响，由下往上依次是巨齿栎、栎树、白桦红桦、高山杜鹃林、冷杉。同时由于海拔的升高，植被的叶子也会越来越小，以减少因为风大的原因引起的水分蒸发，而根也会扎得越深，以汲取土壤深处的水分，同时植被也越低矮，避免风力较大损坏枝干。因此，我们在山的顶部，一般很难见到高大的乔木，因为山顶湿度小，水分蒸发快，因此适合低矮的植被生长。而在同一海拔，不同的植被也会高低不同，例如从低到高依次是地衣、苔藓、灌木、乔木。而后徒步了20里，到达海拔约2000米的斗母宫之后，欧文老师又开始跟我们讲了关于此处地质构造的情况，大致内容就是，太白山属于第四季冰川地质构造，对面长达40里的跑马梁是属于U型谷地貌，而途中我们看到的大石头是通过地质运动形成的，石头的物理结构属于节理发育的三面体，在地震和滑坡等的影响下，很容易破裂。直到后来，当我们伟大的张博士（带队老师）谈到遥感技术的时候，我终于一脸懵逼，表示完全听不懂了，还好老师最后举了个通俗易懂的例子，说遥感技术的鼻祖其实就是人类的双眼，我才表示“略懂”。

下山时，我们的向导是一位在山下居住的村民，我们叫他董师傅。他是一位经验丰富的植物爱好者，与我聊天时，他告诉我山上有三种野菜是可以吃的，而且让我拍照记录下来，名字分别叫做奶奶菜、野空心菜、石芥菜。这个“攻略”对我来说可太有用了，因为它彻底终结了我这个穷逼只能吃面条加盐巴的日子。同时，董师傅也告诉我，山里有两种动物比较危险——羚牛和野猪，以及遇到时如何避免危险。一般遭遇羚牛之后，如果它攻击你，就找一颗大树围着转圈，因为羚牛体型较大，不太容易转圈，而小树容易被拱断，但一般羚牛听到人的脚步声就会离去，不会轻易攻击。一般用脚印的大小和方向可以识别和判断它们的体型和路线，而根据脚印的湿度可以判断经过的时间。另外，在山林中猎食时，羚牛一般走小径，而野猪会选择在山沟里滑行前进。这个其实我比较难理解，只是脑袋里面突然出现了电影《马达加斯加》里面一群疯狂的动物在跳舞的画面，同时伴有“I like to move it”的背景音乐，哈哈……

## （三）有人的地方就有江湖

既然已经来到山里修行，那当然要找机会寻访这里的隐士高人，求经问道，以求顿悟，也算不枉此行。这似乎是古装剧和武侠剧一贯的剧情套路，带着这样的印象和期许，我开始遍访此处的大小寺庙与各路神坛道观。然而经过我为期十天左右的缜密调查，发现这里其实并没有真正的隐士高人，他们原来真的只存在于影视剧里面。而这里那些所谓的隐居之人，大多数实际上只是一些被社会“遗弃”的人，如避难者和孤寡老人，以及那些犯事后逃难至此的人。除此之外，还有一些专门来这里养老的人，只为求一个安稳。而那些真正在此潜心修行之人，更是少之又少。正像高老师(陕西佛教创始人)之前说的：“人惟有自悟方能成圣，正所谓‘名师引进门，修行在个人’。”于是，无奈之下，我只好暂时放弃寻访名师的想法,而将更多的精力放到自省自悟之上。

说起这里的寺庙和僧侣的现状，也是让人唏嘘不已。想起近几年在网络上关于中国目前的寺庙和僧人的各种丑闻层出不穷，究其原因，大部分和金钱利益有关，高老师后来也感叹道：“俗世不分山里山外，有人的地方就有世俗。”这句话让我不禁想起那句经典电影台词——“有人的地方就有江湖”。江湖有道义，俗世也有自己的道，那就是金钱和利益。高老师告诉我，随着交通的便捷，信息的发达，人们的生活水平也越来越高，于是很多原本在山里居住的人，大多都搬到了山下，只有每年六月份的庙会才会有部分善男信女来到这里，或进香祈福，或逗留几日，也有人暂住一月有余。然而，近几年，来此祭拜祈福的善男信女也是越来越少，没有了香火收入，寺庙也很难经营下去。因此，目前这里的大部分寺庙其实大多时候是处于空置状态，只有大殿和中山寺有人居住。

而作为中山寺目前的主人，杨居士之前只是中山寺的看门人，并未真正成为居士。只是因为年轻时好吃懒做，最终导致妻子离他而去，子女也对他不管不顾，后来就来到此处，做起了看门人。之后又拜在中山寺前任住持门下，被收为俗家弟子，成为居士，偶尔也会偷偷吃肉。杨居士生性怯懦，不好生事，总是尽量与人为善，来者是客，好来好送，从不得罪人。然而常言道，人善被人欺，马善被人骑。前几日，大殿的刘叔突然造访，闲聊寒暄期间，说起大殿的近况，说几日前有一驴友路过化缘，问及能否施舍些米用来煮饭，被他婉拒，答曰大殿里已经没有米面可以下锅。说到这里，看杨居士无动于衷，于是又接着感叹，最近大殿生活拮据，捉襟见肘，甚至连一碗粥都快喝不上了。在刘叔的一再暗示下，杨居士最终无奈，只好匀了他两斤白米，四斤白面。后来，刘叔又开始怂恿杨居士可以买一些佛珠玉饰进行售卖，告诉游客都是开过光的，价格可以翻两倍。杨居士只得一边陪笑一边婉言推脱，说自己已经70多岁，胆小不敢干了。后来刘叔走时顺便把杨居士的手机充电器也偷偷拿走了。杨居士其实看到了，却不敢吱声，只得背后骂爹。我后来跟杨居士说，之前自己出去行脚至大殿时，刘叔并未接待，甚至连口水都没给喝。杨居士听了之后虽然生气，却也是无奈。他告诉我，佛家圣地如今也是世风日下，鱼龙混杂，刘叔以前其实是镇子上的黑帮混混，上山只是为了赚钱，并非真正俗家弟子，实则就是狗鼠之辈。

虽然潜心修行之人少之又少，但后来在寻访的过程中还是听说，在地藏王庙里，有一位道姑，可以讲经论道。听说先前曾是一位人民教师，后来看破红尘，削发为尼，并且在当地很受尊敬。于是我心里开始心仪神往，决意要去寻访这位道姑。我想，除了寻师问道，也想听听她的故事。我想，她年轻时，肯定不是一个没有故事的女教师，我想知道在她身上到底发生了什么，竟让她决意归去。结果天不遂人愿，我连续拜访了六七次，都吃了闭门羹。后来才从当地人口中了解到，她最近生病住院了。也许，这个故事对我来说只能永远是个谜了。

每年六月份是太白山一年一度的庙会时节，再加上这里著名的“六月积雪”奇景，慕名前来探险的驴友也越来越多，这里已不再安静。再加上写书访谈的需要，于是我决定离开中山寺，暂时搬到另一座山的一处养蜂人家暂住。感谢杨师傅这一个月的照顾，跟他告别之后，我迈出寺门，抬头看了一眼蓝色的天空，心里默念：再见，中山寺！

# 有一种情怀，叫家国天下

从中山寺搬至养蜂人郭叔家纯粹是个意外。

满园的波斯菊、节节高、喇叭花，还有蜂箱，有种误入世外桃源的感觉。接下来的故事可谓“家国情怀，任重而道远”。

郭叔最近为补贴房的事而发愁，所谓补贴房就是房地产盖房，农户买房，政府补贴。几万元就可以买到十几万的房子，对农户来说，诱惑力很大，但郭叔仅有的 2 万元还不够，正在四处借钱，亲戚看你没钱，不敢借。郭叔已过 65 岁，银行也不给借贷。

我说：“咋不问你儿女借钱？”

郭叔：“她们也都不容易，你慧姐家有 2 个儿子都 20 多了，结婚需要彩礼，要花不少钱，她也不容易。你郭哥家两个 2 子正在县城上学，家庭压力也不小。各有自己的难处，我都不好意思张口。”

我说：“养她们这么大，也该回报了吧？孙子的上学和结婚又不是你的事，她们该承担自己的责任。”

郭叔：“话虽如此，这不是血浓于水嘛，也怪我没本事挣钱，这2万元就给我难住了，哎！”

我暗自伤神地听着，且想着自己的老爸老妈。

即使买到了补贴房（在镇上），农户也很少住在下面（只有在冬季时才会住到下面），因为田地都在山上，牲畜也需要有人照顾。政府所谓“太白县发展太慢了，搬到镇里好搞活经济”的政策话语，我也是受够了，能解决农户的就业问题才是关键，而不是靠农户仅有的血汗钱来盘活经济。

和郭叔的一次聊天中偶然谈到：“咱们莲花湾风景这么好，又是太白古道的起点，怎么没人来投资开发呢？”

郭叔：“我们村写过一次报告给太白县政府，得到的回复——没钱！”

我说：“我先给你弄份景区规划和融资报告，你看看再说。”

以下是我写的《太白县莲花湾村的景区开发可行性报告》调研摘录：

莲花湾村位于太白古道的起点，诸葛亮曾在这里六出祁山，刘秀在这里点将练兵，朱元璋在这里修了 5 座金殿以佑苍生，历史可谓悠久。

莲花湾属于太白山国家级自然保护区，海拔达 3767 米，植被带多样化，从栎林、桦林、高山杜鹃林到冷杉林；地质属于第 4 纪冰川，跑马梁属于典型的 U 型谷地貌；生态农业已成体系。经济作物林有核桃、柿子、梨子等；中药作物有五味子、山芋、太子兰等；农作物有玉米、油菜籽、小麦、黄豆等。生态可谓“多样化，良性化”。

规划摘录：

莲花湾旅游风景区亟需解决的 4 个问题：

其一，公路要硬化，打通从蒿坪寺到莲花湾村的 1.2 公里山路，让太白古道两侧的景区连为一体，蒿坪寺景区——莲花湾——药王谷——黑河水库；

其二，正对西安、宝鸡及周围县市市民，打造体验式生态农业区，水果采摘—中草药识别—菜品种植—野花采风；

其三，针对旅行者、朝圣者，重磅推出太白古道穿越之路，莲花湾——上白云——大殿——斗母宫——平安寺——放羊寺——大爷海——南天门；

最后，以政府为主导，平衡好政府、开发商、莲花湾村三方的利益。

郭叔看了我的可行性报告，吃了一惊，没想到我还有这般才能。我说：若这里真开发成生态旅游区，你就可以在家门口卖凉皮、蜂蜜、山核桃了，就没必要搬到山下去，你也不用借钱买补贴房了。

我在想如果不去环游世界，真想留在莲花湾村折腾这事，毕竟莲花湾生态旅游区关乎这里的每一个村民，可以解决老人和小孩的空守问题、郭叔的养老保障、当地年轻人的就业问题等。

年轻人走的再远，也不要忘了“根”在哪里！

不要忘了家乡的改变事关世代子孙！

不要忘了，有一种情怀，叫家国天下！

家　乡

# 行者小强对话明净法师

在终南山修行期间，从杨居士那里得知法门寺佛学院马上要举办佛法夏令营。作为基督慕道友的我，带着疑惑对明静法师进行了专访，可谓“基督 vs 佛教”。

尊敬的明静法师！

您好，我是行者小强，曾在美国、新西兰接受基督福音，现在法门寺学习佛法！现在有几个问题想请教法师，恭请法师慈悲开示。

**行者小强：佛教不是无神论？这与六道中的恶鬼道，是不是相冲？**

明净法师：常人所认为的无神论是否定神的存在，否定除了人道以外，除了我们眼睛所看到的以外，一切的鬼神天堂都是不存在的。我们也是无神论，只是你们的无神论是否定神的存在，而我们的无神论是不否定神的存在。

有天堂、有地狱、有恶鬼、众生更是复杂，看得见的无量无边，看不见的更是无量无边。世界无穷大，时空无边界，所以在无限的时空当中，空间维次它本身也是非常的多。而我们人仅仅生活在三维空间中，超过这个空间，低于这个维度，我们都不见、不知，所以千万不要被我们的眼睛欺骗。

**行者小强：基督教和佛教的核心区别是什么？区别的表现形式有哪几种？**

明净法师：不管我们是基督教徒，还是佛教徒，最起码你首先是一个自然人。你生下来你就是一个人。

由于后面的缘分，有人遇到基督教，有人遇到佛教，有人遇到伊斯兰教。宗派的教诲，让我们一个自然人达到更高的境界。不管是基督教、还是佛教，都对人类社会作出了突出的贡献，我们都应该恭敬，但是在现在的大学里面有“比较宗教”这门课，想一下我们一介凡夫俗子有什么资格去比较宗教。比较宗教是什么意思啊？你就是让释迦摩尼、耶稣、穆罕默德，这些各个宗教的创始人，按排排坐好了。你站在他们的面前品头论足，说谁低谁高谁好谁坏，你以为你是谁呢？你是联合国主席吗？

不想听它的，它就不存在了吗？所以你要去比较宗教当中的区别，意味着你要比释迦摩尼、耶稣、默罕默德的地位都要高，你才能够看出他们的长短优劣和区别所在。基督徒信奉上帝，好好进行忏悔，到过世的时候往升天堂，爱同样是基督徒的人，也爱非基督徒的人，那才是上帝之胸怀；佛教徒要学习佛陀的智慧，跳出六道轮回，过世后升入天国，佛教徒爱同是佛教徒的人，也爱非佛教徒的人，那才是佛陀的胸怀。

**行者小强：弥勒佛的体型偏胖，出家人不是吃素？怎么会那么胖，且袒胸露乳？**

明净法师：这个大肚子的弥勒形象，仅仅是他千百亿当中的一个。他现在的形象应该是兜率宫天人的形象。那大肚子弥勒佛这个形象是怎么来的呢？据说五代时期，在中国奉化这个地方，有一位大腹便便的和尚背个布袋，言语谈吐与常人有所不同。但是有人去请教一些问题，他回答地非常有智慧，在那个地方被人所尊重，是一个了不起的人。

后来这位布袋和尚在他要往生时，说出四句话："弥勒真弥勒，分身千百亿。时时示世人，世人自不识。"说完之后他就上升天堂回到了兜率内院。从那之后，我们中国的寺院当中就在天王殿塑造弥勒菩萨像。他满面笑容坐在山门口迎来送去。不管什么人来他都满面欢喜，这告诉我们一个什么道理呢，大肚子并不是肥胖，而是大肚能容，宽容地面对一切。所以这个形象是受教，看得懂，你就受教，看不懂就有疑惑！说他袒胸露乳，仅仅是一种形象而已，如果说你也有这样的心境，你也有这样的体型，让大家一见到你就欢喜，就没有任何的烦恼，那不妨你也以此形象去面向世人。

**行者小强：如何知出家人跳出六道轮回，修成佛身？**

明净法师：这是别人无法知道的，因为这是属于自己的生命境界，成不成佛，只能自己知道，但如果遇到比自己境界高的人，他是可以知道你的境界在哪里的。你想知道对方有没有跳出六道，超越三界，那只能意会，自己感受，只要他的生活是愉快的，欢喜的，健康的，光明的，就值得我们去尊敬、效仿。

**行者小强：生从何来，死将何去？**

明净法师：在巨大的生死痛苦当中，我们对于前生完全失忆，但不能否定前生。往前追溯是无量界，就如同从前生来到今生一样，我们今生之后又会去到前生，所以就好像过日子有昨天有今天有明天。

昨天之前，无限长，明天之后，还是无限长。漫长的生命，它是一个永恒的存在，但是它也在不断的变化。那谁在掌管着这个变化呢，在佛法里面说，不是上帝，也不是佛菩萨、不是阎罗王，而是我们自己的起心动念所作所为，决定着我们的新生，将往何处去。我们的前生是什么，我们现在不知道，我们今生是什么样也不知道，但是根据很多现象，可以判断出我们的前世，所以我们流行一句话：欲知前世因，今生受者是；欲知后世果，今生作者是。

那么这个死将何去，你们基督徒总想上天堂，而佛教徒都想去西方极乐世界。但是你能不能达成所愿？得看你今生对上帝、佛菩萨的教悔有没有落实，有没有以上帝之爱和佛菩萨之慈悲，来为人处事、待人接物。虽然我们不知道我们死将何去，但是我们可以有目标，有方向，朝那个目标去努力，还是可以知道的。

**行者小强：因果关系除了前因后果，还有因果并行，这怎么理解？**

明净法师：任何事情都是作用力与反作用力的关系，其实也就是因果关系。这个因果，有前生有前前生，这个果有现报有生报有后报，有前因后果，也有因果同时。我们一切的作为都在因果之中，我们现在正在承受过去之果，但是也同时正在制造未来之因。

前生之果和我们现在的努力正在我们眼前呈现，所以也可以说是因果同时。善因善果就是我们该努力的良性循环，恶因恶果就是所谓的恶性循环。有关因果的事情，我们真的是需要时间去探讨，这样随便说说，是说不清楚的。

**行者小强：佛教和基督教如何求同存异，相互学习？**

明净法师：其实这个我们正在进行。小曼小强都是基督徒，而我们是佛教徒，我们大家在一起合作交流、谈话、互动，非常愉快。见面的时候一起吃饭，坐在一起非常的欢喜，可以相互地帮助，这就是求同存异。

我们一个以上帝为终极目标，一个是以佛菩萨为终极目标，用他们的精神和教悔来提升我们，更能够包容所有的差异。所以释迦摩尼、基督和穆罕默德，他们绝对不会打架，会打架的是谁呢？会打架的是人，这事我们一定要清楚。只要是打架的，社会冲突对抗的，都不是宗教问题，那是人的问题！人假借种种名义，扯着种种大旗来与他人对抗，伤害别人、伤害众生，这都不是好的教徒。

所以不管是佛教徒到了教堂，还是基督徒到了寺院，我们都应该以恭敬的姿态和语言来可以削弱自己的宗教形式，而后去适应不同的人。只要是用恭敬之心来表现，我们就都能够感受到对方的真诚。

专访介绍后，明静法师谈到，一个人走路可以走得很快，一群人走路可以走的更远。所以我希望佛教徒和基督徒可以相互的帮助，相互提携，共同进步。让基督教徒做更好的基督教徒，让佛教徒做更好的佛教徒，大家都成为好的教徒，那这个世界的好人，岂不是更多了吗？

法门之光是我真正学习中国传统文化的开始，随后我计划去武当山拜访三丰派传人，学习道教的经典。若有机会，还会去曲阜的孔子学院静修。作为国人，若想在中国有所发展，必须要学习儒释道的经典，中西结合，方可学以致用。

佛塔下的自省

# 我不会做隐士，更不会被这个世界所改变

从退去青旅青空联合创始人的身份，到深居终南山已有3个月了。我并非归隐，只想在这浮躁的社会静一静。我虽是万千普通人中的一员，但不想随波逐流，不想混日子，不想被套路化……

终南山首站，我来到了终南山脚下的营头镇自助养老院，和退休的老人们一起改造养老院，每天不停地搬砖、种菜、养鸡……偶尔去营头镇中学教英语口语，一个月就这样过去了。

为了安静地写书和修行，我来到了太白古道的中山寺，这里没水、没电、没信号，步行出去一次需要2个多小时，每天就三件事：发呆，看书，做饭。刚来时最难忍受的是孤独，每当深夜，想到未来几个月都要这样过，就有点崩溃。

有一天早上醒来，迷迷糊糊地坐在院子里，望着远处的山峰，

竟突然有种“无欲无求”的 feeling，工作室倒闭又如何，青旅关门了又怎样，我还得活着，活着走向尘土……

在行脚大殿时，亲眼目睹了山下的暴民抢夺寺庙里的香火钱，无意中拍到了这组照片，后发至派出所，也不知进展如何。道姑出于信任，加之腿脚不方便，让我将钱带下山去，存入银行。这件事让我意识到：有人的地方就有江湖，不分山里山外。

由于中山寺没信号，而我写书需要查找资料，就搬到了另一个山头，一个养蜂人家。采蜜的这段日子给了我很多启发：采蜜期的蜜蜂通常活不过 40 天，每天不停地劳作，几乎不休息，过度劳累致死，而冬眠期的蜜蜂可以活到 100 天，这让我想到了北上广深的蜗居一族；蜂箱里有产卵的蜂王，门卫蜂，采蜜蜂，保姆蜂等，分工协作，辛勤劳作，很少打架，一切只为服务蜂族，这让我想到了为一点利益而纷争的人类。

有一天，一个手工艺人来到我房后的竹林砍竹子，打算编竹筐。接下来，我就陪着他一起砍竹子、劈竹篾、磨竹节、做筐架，然后将竹篾一点一点地编织上去。他说：“花两天时间编一个竹筐也赚不了几个钱，这就是我的一个喜好，消磨日子罢了。”两天下来，我发现，自己的心态也慢慢变得平和。手工艺人依然存在，说明当下这个社会需要一种慢热的态度。

有一次创作之余，我去爬了房后的莲花山。爬山时我遇到很多分岔路口，多次折返后才登顶。此时我突然感悟，人生就像爬山，只要朝着目标，继续前行，就可登顶，尽管走了很多弯路。

后来等我到了山顶，却发现这里只是一个山脊，等我再爬了两座小山峰后，才来到山顶，终于可以“一览众山小”。在眺望时却发现，远处还有一座更高的山——鳌山。这时我突然领悟到，人生如爬山，从一个山峰到另一个山峰，永无止境，即使你处在万山之巅，依然有更高的山等着你。

上学时的我总喜欢热闹，因为害怕孤独；经历了环球旅行后，我发现，热闹是他们的，我什么都没有，剩下的还是孤独。此时我才意识到，回到原点，人只能做自己。在终南山修行期间，我回首过往的情和爱，发现一切皆为虚幻，执着了，那便成为枷锁。只有淡然处之，一切随缘，人才能摆脱孤独，获得新的生命。

有一天晚上我去上茅房，看到几只萤火虫，一下子我明白了活着的意义：我想做一只萤火虫，尽管周围一片黑暗，但依然微弱地发着光热。

再过半个月我就出山了，回到喧嚣的社会，我会继续做一只小小的萤火虫，尽管我不会做隐士，但更不会被这个世界所改变！

若想了解更多信息，请在腾讯视频上搜索：小强在终南山

# 请记住，你不是世间唯一受苦的那个人

网友说：你很 lucky，高中领导全校人罢饭，被开除后却去了洛阳市的贵族学校上学；大学时因多次旷课去旅行，被留校察看处分，毕业时却成了旅院的学霸；哑巴英语的你，却意外地通过了美国的面签；揣着 4000 元去新西兰，却在那里溜达了 15 个月；只有 10 万元的你，却开了 2 家青旅和 1 家青空；不发工资的情况下，却让工作室存活了 15 个月……

我说：Yeah. I am a lucky bitch. Why are U not lucky？

幸运的成分我并不排除，但更多的是艰难的爬行。

被校长开除后，我不敢回到村里，因为农村的唾沫星子可以瞬间把我淹死；

被留校察看后，那几个月我饿着肚子，不敢接父母的电话；

为了能拿到美国的交流访问者签证，我足足准备了半年；

新西兰 WHV 抢名额那一夜，我的信用卡刷不出美金，着急的我半夜打了 7 个电话，在痛哭中继续刷着名额；

在工作室成立之初，天天晚上熬夜，在国外遥控指挥；

青空因冬季的寒冷和春节放假，导致施工被迫停止，房租亚历山大……

我是在艰难爬行，但并未放弃前行的脚步。

爬行中有绝望，也有希望，可我知道：希望尽管渺茫，但依然是我爬下去的唯一动力，我要把小希望慢慢变成大希望，把大希望最终变成现实。

我这只蜗牛虽然很笨，但很勤奋。

9 月 2 号早上在师大图书馆备战雅思，中午时工作室的 2 名成员因个人发展的需要，离开了工作室。随后的 1 天半里，忙着整顿工作室，晚上得熬夜备战雅思。

9 月 4 号突然看到了澳大利亚在 5 号上午 9 点抢名额的消息，慌忙中联系瑞典和英国的朋友，帮我刷名额。

9 月 5 号早上从 9 点到下午 4 点，我奔走了 3 个网吧刷网速，还时不时地指挥着英国和瑞典的朋友。4 点 12 分我刷到了，没想到是明天 12 点的递签。当天晚上 10 点坐飞机从西安直奔广州澳大利亚使馆。

9月6号早上7点起床，慌忙准备存款证明、成绩单、申请表格等；12点以百米冲刺的速度飞向签证处，递交材料刚结束，已饿得头晕。晚上在广州白云机场，又赶紧准备补交材料，复习雅思。

9月7号和8号在师大安静地看了24小时的书，做了6套剑桥英语试题。

9月9号上午准备口试材料，中午在西安外语大学开考。

9月10号早上7点赶往西北工业大学，雅思笔试开考。12点笔试结束后，打开手机，接到被拒签的消息，下午在网吧写了3个小时的英文申诉。

9月11号开始忙新书《间隔年在新西兰》的众筹，和出版社合同的签订。

9月12号上午电话申诉，并准备学历公证。晚上继续忙众筹的事。

我成功被澳大利亚拒签了，让“申诉信”告诉你为什么吧。

第一次申诉结果：

亲爱的黎先生，

我非常理解您被拒签时的失望，但每一位申请者如果想要拿到签证，都需要满足我们的法定条件。

462 签证申请条件包括英语语言能力证明。在递交签证申请时，必须满足此要求。我注意到您的雅思考试在 2016 年 9 月 9 日。鉴于你没有完成考试并在必要时间前递交您的证明材料，您不能满足这一要求。

一旦做出决定，我们不能改变。尤其是对 462 签证来说。下一轮申请预约依然对您开放。如果您要预约下一次，我建议您提前准备好所有必要的文件。

我相信这信息对您会有帮助。

我不服，又进行了第 2 次申诉，并告诉签证官，他违反了 462 的签证法规：

敬爱的高级签证官，

你好，我的名额 ID 是 *********。

我想你也许不清楚 462 的具体规则。

根据 462 程序法规：

1、如果你提交申请，你会收到健康检查的邮件。然后在未来 28 天内，你可以准备签证材料。

2、 如果你不能在 28 天内提交所有材料，你还可以有额外的 7 天。7 天以后，你的签证才将被拒绝。

之前我已经申请过美国工作签证和新西兰打工度假签证，我很清楚签证规则。

根据 462 规则，现在还有 22 天。

9 月 23 号，我将会向您的电子邮件发送我的雅思成绩单和学历公证。

请遵循 462 规则。

谢谢！

黎强宾

第二次申诉结果：

亲爱的黎先生，

我在之前的邮件中已经解释过，在你递交申请时，你的英语水平证明必须满足条件。而你并不符合这一要求。

你给我们之后提交的任何其他文件都是无用的，我们不会因为那些文件而考虑已经定性的申请。

关于你的签证申请程序目前已经关闭。之后关于你的签证问题也不会有更多的通信。

此致问候

副领事死死的抓住我没有及时上交雅思材料，再次拒了我。我死死地抓住 462 签证的补交材料时间，和他公然对抗，于是又进行了第 3 次申诉：

敬爱的高级签证官，

你好，这是我给你发的最后一次邮件。

我已经拿到了雅思 5.0 的成绩。

我的学历也已经公证过了，报告卡也完成了。

这三份材料都在附件中。

根据 462 规则，我的签证申请程序仍处在正常的签证时间内。

请再考虑一下。

如果你仍然坚持，我的律师会和你聊天。也许我们会在法庭上见。

请三思而行 !!!

非常感谢！

上帝保佑你

黎强宾

澳洲 WHV 三申三拒的最终结果还没出来，10 月 10 号第 5 次澳洲抢名额又开始了！我也是醉了！于是我又开始了第二轮的抢名额大战，最终于 11 月 12 号成功拿到打工度假签证。

这就是刚出山的我，陷入俗世中“无法自拔”。为了环球旅行基金，我甘愿做一只微弱的萤火虫，甘愿任由着风雨的浸透。

此时你可能会问我：为什么去澳大利亚？

因为我想写一本“后间隔年时代”的书籍，让中国能有一部完整的间隔年系列。第2本书《我不想被这个世界改变》偏“前间隔年时代”。

朋友，请记住：你不是世间唯一受苦的那个人，因为我也和你一样。

如果你问我，为什么要这般受苦？

因为我心中有个梦，梦中有个小船在乘风破浪，它在驶向属于我的“诗和远方”！

（目前我已成功拿到签证，并计划于2017年7月前往澳大利亚打工度假，开启我的后间隔年时代。）

【附】澳洲WHV抢名额攻略（干货）

大家好，我是行者小强。

3年前我很幸运地抢到了新西兰WHV名额，但背后更多的是不懈的努力和坚持。

3年后的今天为了完成我的第3本书“后间隔年时代”，我再次踏上了澳洲抢名额的征程。

9月5号抢名额的全过程：

早上8点我已守候在网吧，此时瑞典的同学，西安的小康，他们也在为我磨刀霍霍；

9点开抢时，澳洲移民局官网已陷入瘫痪，所有人都卡死在门口，持续了将近1个小时，陆续有人开始第1步的操作；

11点左右貌似有人拿到了名额，多数人都在慌乱中，我此时致电瑞典同学，他被卡死在第2步，刷新后，又回到了第1步；

12点，朋友小康因工作原因被迫离线；

中午1点左右大家都陆续拿到了名额，我还在着急等待，感觉此网吧网速不行，立刻又转战了另一个网吧；

下午2点左右，很多抢到的网友帮助我们这些正在热锅上爬的蚂蚁，我抱着试一试的态度，随意地将信息在群里一丢，就开始啃大饼了，因为此时我已饿得天昏地暗。（预计1小时的抢名额，被无情地拉至一整天……）

下午3点半，我瑞典的同学因工作原因，被迫离线，此时只有我一个人孤军奋战；

下午4点左右突然有个网友把我的护照签证信息扔至群里，我睁大双眼看了2遍：预签时间9月6号中午12点，地点广州；

下午5点我陷入挣扎：我9号考雅思，明天去递签成功率高吗？还有补交材料的时间，应该没问题；如果签证失败，只不过是 5000 元的损失，为了梦想，还是放手一搏吧！

晚上 6 点小强环球工作室为我预定了 11 点的飞机；

晚 8 点我匆忙赶往西安咸阳机场，开始递签之旅。

因雅思材料没有及时递交，而被拒签，后来的“三申三拒”也失败了！

可惜了我的 2460 元签证费，额外加 2100 元机票费，澳洲 WHV 真的伤不起！

没有考雅思的学历和成绩单没有公正的，咱就不要趟这股水了，不要去抢名额了，因为屌丝们伤不起！因为这是无谓的牺牲！

国外的朋友或许也不起作用，最后拼得还是网速！网速！网速！

Tips：

1，只能用 IE9 浏览器或者火狐

2，邮箱密码至少是 1 个数字，1 个字母

3，预约日期选绿色的

4，在输入验证码后，再 Submit

好消息来了！澳洲官方正在考虑将 WHV 的年龄限制延后到 35 岁，预计 2017 年 7 月生效！剩男剩女们，机会来了！

最后预祝大家抢到名额，咱们澳洲见！

活着不易的我们，依然要向着光热那面

◎特别加映◎

精神比梦想更为重要，只要人的精神还在，就可以创造出无数个梦想。——行者小强

# 行者小强的成长醒悟

1. 能将梦幻的东西变为现实，是一件很幸福的事，但是整个过程是极其痛苦的。

2. 创业源于尝试，贵在坚守，但不忘初心。

3. 一个人一旦变得懒惰就会滋生惰性，时间久了就会变得堕落，从懒惰到堕落只有一步之遥。

4. 旅行是人生中最好的一种投资，若你带着投资的理念上路，你会得到更多。

5. 旅行是为了探索未知的自己，寻找人生的方向，有一天你找到了，回到原点后，发现全世界都变了，其实变的是你自己。

6. 旅行只是人生的一部分，终有一天，要回归正常生活。

7. 请记住：你不是世间唯一受苦的那个人！

8. 人在任何时候都不要放弃自己，因为我们至少还活着，活着就意味着希望，意味着改变的开始。

9. 我不会做隐士，更不会被这个世界所改变。

10. 只有坚守的傻子才能改变这个世界，因为他一直活在自己的世界里，且把它变成诗和远方的模样。

11. 男人是靠不住的，女人只能靠自己。

12. 回到原点，人只能做自己，尽管做自己很难。

13. 迷茫的我们，是该拥有一次属于自己的间隔年，去寻找人生方向了。

14. 我想要的生活在国外，想要的事业在中国，所以只能来回穿梭。

15. 我宁愿做一只萤火虫，尽管在黑夜里显得很微弱，但依然散发着自己的光和热。

16. 向着自由，向着梦幻冲击，有一天上帝一定会来敲门的。

17. 精神比梦想更为重要，因为只要人的精神还在，就可以创造出无数个梦想。

18. 坚持做一件事，把它做到极致，你就离成功不远了。

19. 人生犹如一串珍珠项链，现在的你在积攒一颗颗珍珠，直到有一天，你找到一条线，将所有的珍珠串联起来，戴到你的脖子上，那一刻你将耀眼夺目。

20. 时间是一个婊子，若干年前我们是如此的清纯和可爱，但随着岁月的流逝，我们慢慢变成了自己曾经讨厌的模样。

21. 人与人之间的关系最终都逃脱不了时间和利益所制定的法则，你也不例外。

22. 原生态家庭对人的影响是一生的，甚至起着决定性的作用。

23. 人性是复杂的，既有脆弱的一面，也有刚强的一面；既有光亮的一面，也有阴暗的一面。

24. 改变命运的唯一办法，就是勇敢地面对它，别无其他。

25. 有一种情怀，叫家国天下！

26. 上帝和如来是不会打架的，只有信徒才会。

27. 我是一名学渣，是一名专门写书给学霸看的学渣。

# 致我们不再颓废的大学

文 / 夏落客

第一次认识小强，是在一次分享会上，记得当时全场安静时，只有小强在滔滔不绝地演讲，可以从他的字里行间看出，他真的就是“打不死的小强”，我说的这个“打不死”，是指他没有被所谓的世俗眼光打死，而是挣脱世俗这个牢笼，顽强地生长成他想要的样子。

后来知道他出了新书——《间隔年在新西兰》，买回来一口气看完，除了惊叹小强这样的“草根人士”能逆袭成许多人想成为的样子，惊叹之余，更多的是惆怅，惆怅自己现在的样子。

想想进大学也有一年了，曾经憧憬着大学是个天堂，想早点摆脱地狱进入天堂，却不曾想天堂里，也有地狱。钱钟书先生说：城外的人想进去，城里的人想出来。可我觉得，城里的人出来以后还是想进去的，在此之前，我们得到外面看看，才知道里面的好，但生活不就是这个样子吗？有惊心动魄，也有失魂落魄，有波澜壮阔，也有一错再错。生活的双面性一直都存在，是我们赐生活梦境，还努力假装不清醒。

小强这一类人，看似过着我们想过的生活，我们只能在一旁艳羡，看似在你的生活中不可能发生的事情，都奇迹般地发生在他们身上，所有看似不可能的事情，只是对你来说不可能，最后也只能自嘲一句：我们都是人类，却不是同一类人。可我们知不知道，想没想过，他们光环的背后，是轻而易举，还是在黑夜中，也健步如飞。我们已经知道，小强是一名专科生，他用三年的时间，创立社团、经营社团、同时组织徒步旅行，之外还不忘了拿下各种证书，换位思考一下，如果换成我们，是不是已经壮烈地牺牲在革命的道路上！整场分享会听下来，更加清楚地了解小强的大学奋斗史，再对比着我自己现在的样子，简直羞愧得无地自容，来到大学已经有整整一年，当初怀着“上大学就是为了那座图书馆”这样的想法，如今想来，自己还是辜负了曾经的理想。被班里的事缠身，大学活动多，聚会多……似乎所有事情都可以成为没时间阅读的借口，那种明明知道错，却无法摆脱错的感觉，一直让自己的心里有负罪感，听完小强事迹的那一刻，自己的“罪恶”完全被赤裸地表现出来，像是被人正义凛然地指出自己的罪恶，那种不安，那种想要改变的想法立刻在心里生根发芽，我想，是要开始改变这种状态了，是要与图书馆有更多的亲密接触了。

而我在大学里也看到——宿舍是青春的坟墓。毫不客气地说，有的人死了，他还活着，有的人活着，他还躺在床上。思想在梦乡中，渐渐麻木，手脚在床板上，渐渐僵硬，等着醒来的那一刻，拿起手机，刷新动态，惊呼：哟，小强还在折腾！说对了，小强在生命的巨流中折腾着怎么乘风破浪，而你准备着在那波涛汹涌的巨浪袭来的那一刻，扑腾着喊声“救命”。更悲催的是，你还全然不知危险的到来。我一市井小民，承担不起这种高额的风险，所以，吾日三省吾身，一日时间多乎？否。速撤离宿舍。

需要铭记的是，前方有天堂，也有地狱，别忘了那些铸就天堂的人背后那隐忍的伟大，更不要一脚踩进地狱。只留下一个颓废的背影。

# ◎附　录◎

# 赴美带薪实习签证申请攻略

**项目介绍**

美国国务院教育和文化交流司指定的官方文化交流项目——大学生赴美带薪实习项目( Work & Travel )已经在欧洲、韩国、日本、新加坡等全球数百个国家和地区成功运作了 30 余年，每年都有数万名大学生利用寒暑假持 J-1 签证赴美进行为期 12-16 周的短期实习，也有为期一年的专业实习，并在实习之余在美国境内旅游或实地体验美国生活，了解美国风土人情。

所有实习岗位均为非专业的基础性工作岗位，无须工作经验，学生不会有很大的心里压力。劳动所得还可以在很大程度上抵消出国成本和在美生活费用，甚至还有盈余，大大缓解了广大学生的经济压力。在实习期间的工资将根据美国国会的最低时薪法制定，并且全程享受事故及健康保险。

**申请资格**

1. 项目接受各个高等院校18—28周岁的本专科各年级学生，研究生均可报名；

2. 愿接受挑战并渴望了解美国文化；

3. 身体健康，无传染性疾病；

4. 具有一定的英文基础，愿意并勇于用英文沟通；

5. 申请人应有较强的独立和适应能力，具备在新环境中工作和生活的能力和素质；

6. 有良好的个性、成熟大方，愿意与人沟通交流；

7. 工作积极努力，认真负责。

**办理流程**

1. 咨询和报名：申请人了解项目，填写报名表，缴纳报名费；

2. 测试：参加口语等综合测试，通过后缴纳项目费；

3. 项目申请：填写申请文件，准备申请材料；

4. 确认职位：美方审核申请，实习企业考核，发出Job offer（录用信），颁发DS-2019表（国际文化交流邀请函）；

5. 签证申请：申请人参加签证面试培训，准备签证材料，参加美国使领馆的签证面试；

6. 临行准备：参加行前培训、购买中美往返机票，做好出发准备；

7. 抵达美国：安排住宿，办理社会安全卡，参加岗前培训；

8. 畅游美国：结束实习后获得 7–15 天旅行期；

9. 安全回国。

**疑问解答**

大家好，我是行者小强，很幸运 3 年前参加了赴美带薪实习，开启了我环球之旅的第一站——美国。针对最近网友提到的问题，我进行了分类整理，现在公布出来，希望能帮助大家实现你们的美国梦！

**问题 1：在校研究生和毕业生还有机会参加赴美带薪实习？**

回答：暑期实习的对象是在校的大学生和研究生，专业实习的对象是即将毕业或者毕业 1 到 2 年的学生。

**问题 2：暑期实习和专业实习的区别是什么？**

回答：区别一：暑期实习对学生的英语口语要求不高，但专业实习要求很高，一般是英语专业的学生，英语交流没有问题；区别二：暑期实习为 3 到 5 个月，专业实习为 1 年。

**问题 3：一定要通过中介公司办理？费用大概多少？**

回答：是的，没有美国的工作邀请函和监护人，你是拿不到实习签证的，中介机构能帮你搞定！中介费大致在1.5万到2万不等！

**问题4：有推荐的中介公司？钱要一次性付清？**

回答：最好找与学校有合作关系的中介公司，比较可靠！一般先交报名费2000元，和雇主面试前再交5000元，面签前交完所有的费用，若签证不通过，中介公司会退还大部分费用，但5000元不会再退还！

**问题5：每年什么时候申请实习签证？**

回答：暑期实习一般1月报名，3月准备签证材料，4月和5月面试和面签，赴美的时间为5月15号～10月15号。专业实习可以随时去申请，根据雇主安排出发。

**问题6：工作可以选择？工作的类别有哪些？**

回答：有选择，但选择性不是很大。工作的类别基本有三类：酒店，餐饮，娱乐场。

**问题7：英语不好，能通过雇主的面试和美国签证？**

回答：暑期实习学生的英语一般都不是很好，但也得会说几句！面试的问题很简单：How are u? How many people in your family? What do u study? 面签的常见问题：What is your favorite movie? Why do u want to go to America? When do u leave America? Which city are u going?

**问题 8：签证材料主要有哪些？**

回答：1、护照原件；2、工作邀请函；3、财产证明；4、学生成绩单；5、无犯罪证明；6、签证申请表格；7、签证费和邮费收据。

**问题 9：财产证明怎么办理？**

回答：可去银行冻结存款 5 万，并办理存款证明；也可用房产证、车辆持有证办理财力证明！

**问题 10：面签有什么注意事项？**

回答：其一，签证材料准备齐全。其二，面签时要自信，做好口语准备，不要让签证官怀疑你有移民倾向！即使拒签了，也不要伤心，我们还可以再预约！

如果拿到签证了，不要忘了给我报喜啊！出发前要勤练英语，学会做菜啊！